魚附林の地球環境学

親潮・オホーツク海を育むアムール川

地球研叢書

白岩孝行 著

昭和堂

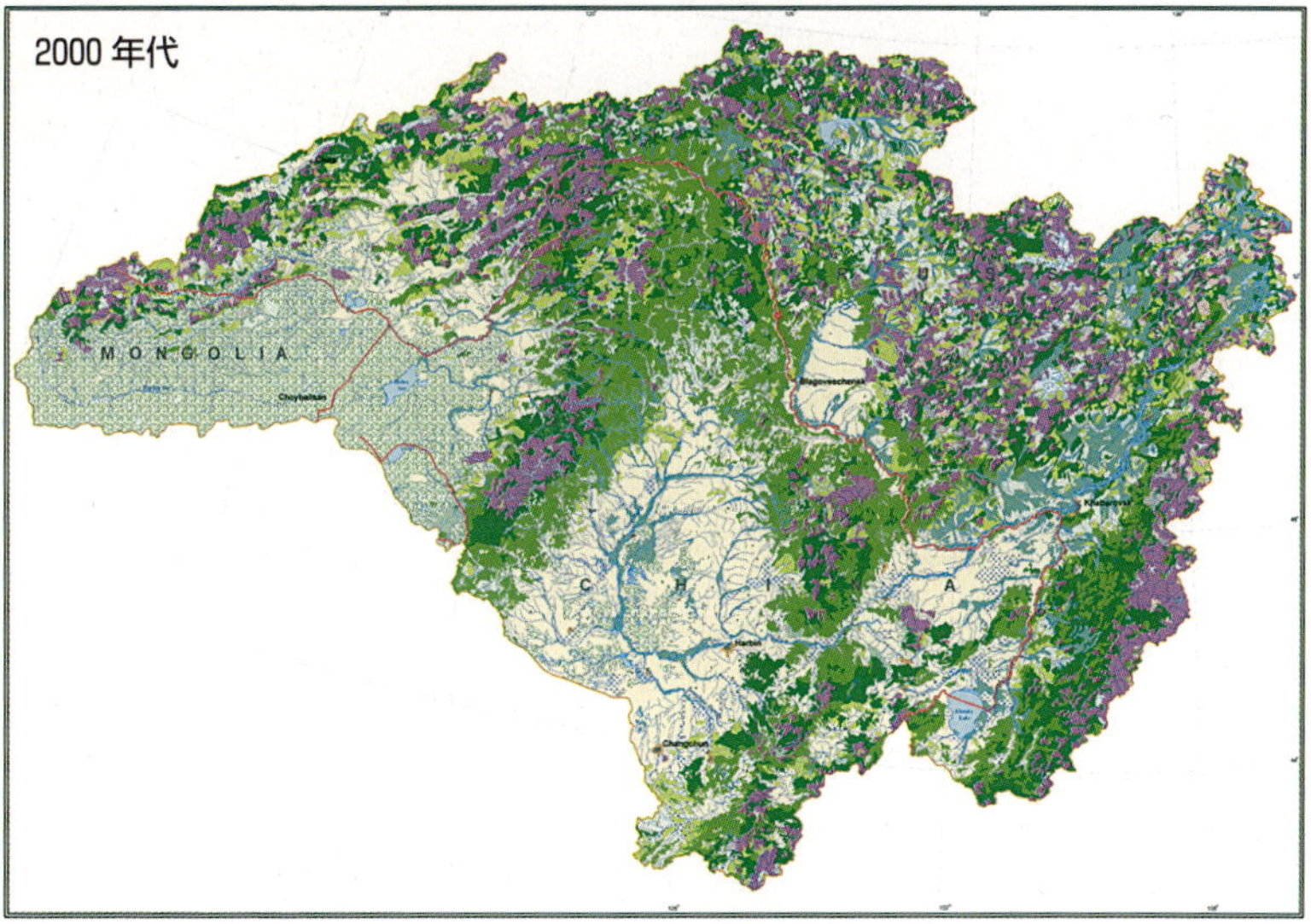

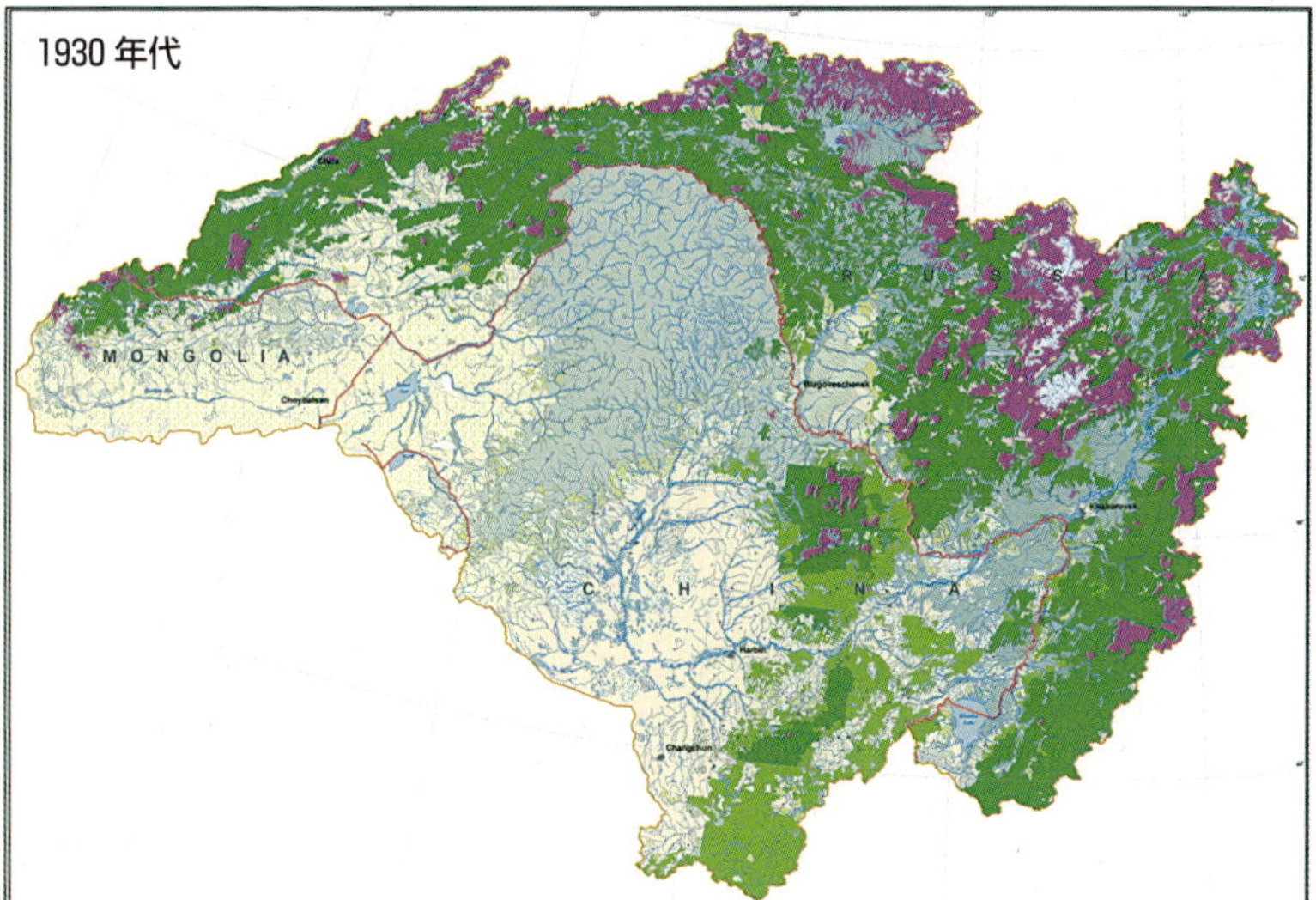

口絵１　アムール川流域の陸面被覆・土地利用図

緑色は広葉樹林・針広混合林、紫色は針葉樹林、黄色は耕作地、水色は水系及び湿原、薄黄色はステップ、赤線は国境を示す（Ganzey et al. 2010）。

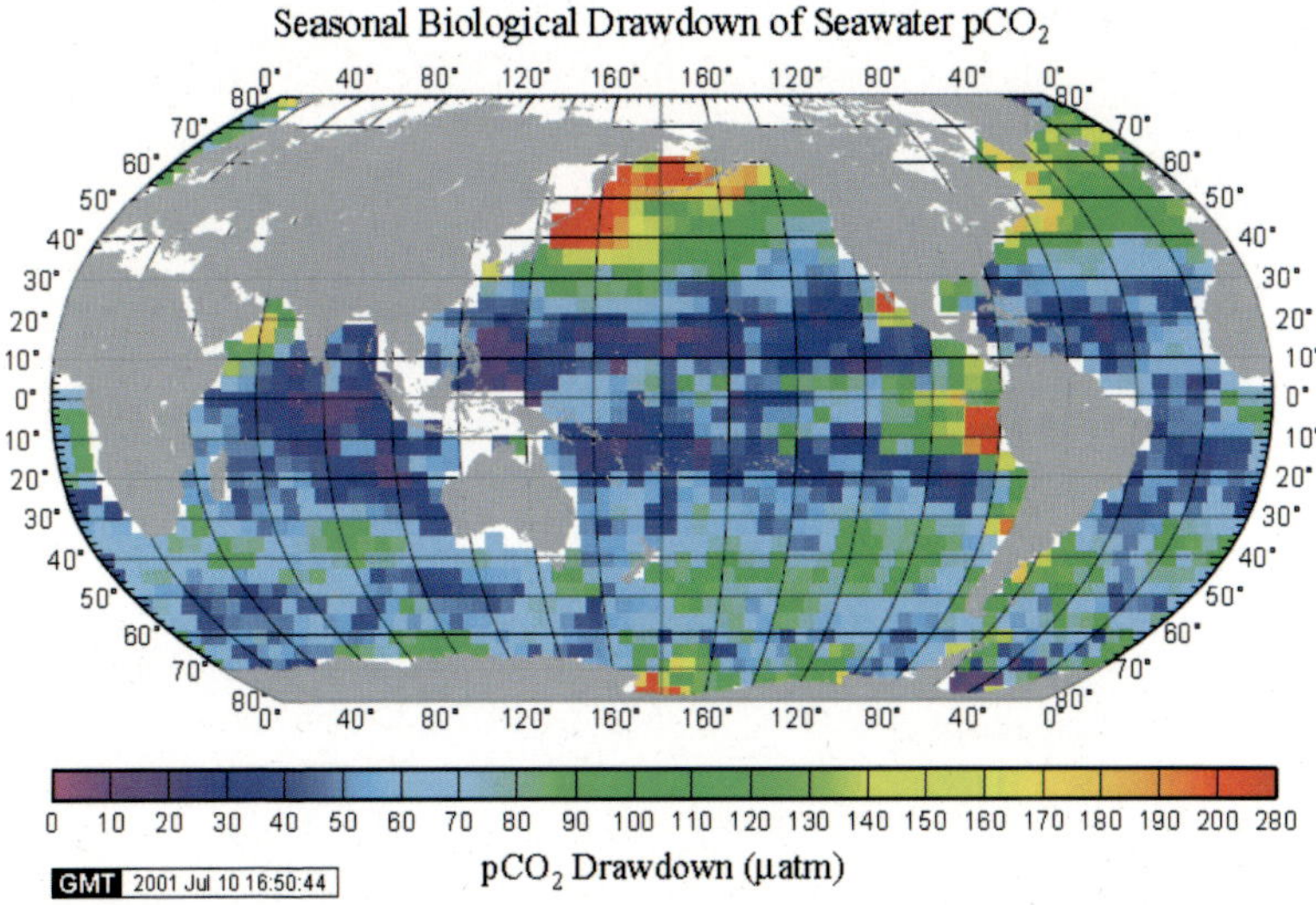

口絵２　世界の海洋表層水の二酸化炭素分圧にみられる季節変動の大きさ

温度の影響を除去しているので、赤で示した値の大きな場所は植物プランクトンが大量に生産され、かつ分解される海域を示す（Takahashi et al. 2002）。

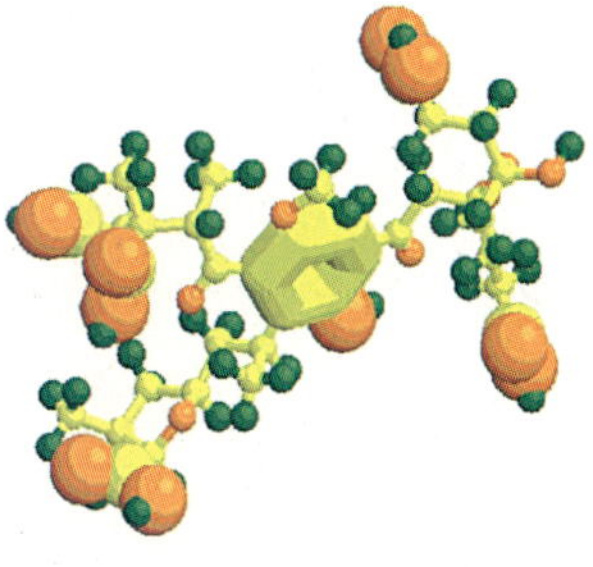

口絵３　腐植物質のイメージ

大きなオレンジ（酸素）、小さなオレンジ（窒素）、大きな黄色（芳香環）、小さな黄色（炭素）、小さな緑（水素）からなり、炭素１個と酸素２個からなるカルボキシル基と鉄が結合して腐食鉄錯体を生成する（長尾誠也氏提供）。

はじめに

日本政府が世界自然遺産として推薦した知床が、南アフリカ共和国ダーバンで開催された第二九回世界遺産委員会において審査され、世界遺産一覧表への記載が決定した。今から五年前、二〇〇五年七月のことである。白神山地と屋久島に続く国内三番目の世界自然遺産登録であり、官民一体となって取り組んだ努力に日本中が湧いた日が懐かしい。

北海道の東北端、オホーツク海の南端に位置する知床は、長さ七〇km、基部の幅二五kmの半島である。西側にオホーツク海、東側に根室海峡を経て北方四島と太平洋を望む知床は、最高峰の羅臼岳（標高一六六一m）をはじめ、標高一五〇〇mを越える火山群が脊梁をなし、海岸までほとんど平坦な地形の見られない山がちな半島である。

知床が世界遺産に選ばれた理由は、オホーツク海という季節海氷域における海と陸の相互作用の下に成り立つ生態系が特有なものであり、その生態系が、陸上と海上とを問わず、北方系と南方系が共存した多様な種によって構成されているためであった。

この喜ばしいニュースを聞きながら、知床を含むオホーツク海の自然の価値を、まったく別の観点から説明できる日が来るであろうことを、私たちは確信していた。世界自然遺産への選定にあたって使われた、季節海氷、海と陸の相互作用という同じキーワードを使いつつ、北方四島・知床という限られた地域の仕組みではなく、もっと壮大な地球環境の奇跡によって知床を含むオホーツク海のたぐいまれなる自然が成り立っているという可能性である。

本書は、「鉄」という物質に着目し、大陸の陸面環境と外洋の海洋生態系を結びつける試みに挑戦したプロジェクトの軌跡である。登場するのは、日本列島の北に広がるオホーツク海、そして北海道の東に広がる親潮域。この世界で最も豊かな海が、なぜ日本の北と東に広がっているのか？　その理由を、大陸を流れる全長四四四四㎞のアムール川に求めた。アムール川が運ぶ鉄に着目し、水に溶けにくい鉄がどのようにしてアムール川に流れ出るのか、また、海の中をどう運ばれるのか、そもそもなぜ鉄なのか。これらの疑問を、ひとつひとつフィールドワークで明らかにしながら答えていこうと思う。そして、我々人間の活動によって、その鉄が将来にわたってこれまでと同じように流れなくなる可能性があった時、私たちは何を考え、何をすべきなのか。地球環境学という学問に基づいて、これまでの専門分野の垣根を越えて、私たちは考えた。本書を通じ、七年半におよぶ研究者たちの研究活動と議論を伝えたい。

思えば、周囲を海に囲まれた日本列島に住む人々ほど海を身近に思う国民は少ないだろう。

はじめに

我々の祖先は海とつきあい、森から恵みを得て暮らしてきた。幸い、亜寒帯から亜熱帯に広がる日本列島を取り巻く海は豊穣で、多様な生物に恵まれていた。農業技術が進展し、集約的な耕作が可能になると、権力が生まれ、分業が進み、経済活動が複雑化した。化石燃料に依存する工業化が進展すると、人々の生活は一次産業と分断され、海や森とつきあわずに暮らしが成り立つようになった。そして今、その経済活動が、そもそもの人間の存立基盤である陸と海の関係をむしばみつつある。

アムール川と親潮・オホーツク海のつながりを調べていく過程で、私たちは日本に住む先人が築き上げた魚附林という環境概念に出会った。この世界でも例のない陸と海のつながりを表す素晴らしい概念を、北の海で起こっている問題に応用したい。本書はそのような動機で執筆された。幸いにして、魚附林の思想を四半世紀にわたって実践で世界に広めてこられた尊敬する畠山重篤先生に身に余る推薦文を頂載した。ここに厚く御礼申し上げる。本書によって、身近な北の海がいかに貴重な存在であるかを感じていただければ、著者にとって望外の幸せである。

二〇一一年一月

白岩孝行

目次

目　次

第1章　豊穣の海

オホーツク海との出会い

オホーツクと呼ばれる海が北海道の北に広がっている。世界が米国とソ連の陣営に分かれてイデオロギーを闘わせていた冷戦時代、東京の下町で生まれ育った私にとって、オホーツクという不思議な響きを持ったこの海は、ソ連の海、緊張の海、どんよりとした冬空に低くたれ込めた雲の下、寒風が吹きすさぶ最果ての海であった。

このイメージは、多分に一九八三年に起こった大韓航空機撃墜事件に根を持っている。八月三一日、アラスカのアンカレッジを出発し、ソウルに向かっていた大韓航空のＫＡＬ／ＫＥ０

07便は、通常ルートの千島列島の東から大きく飛行ルートが逸脱し、ソ連領のオホーツク海上空を飛行。これを領空侵犯と判断したソ連が、九月一日の未明、サハリンの南端にある海馬島（ロシア名・モネロン島）の上空で撃墜した悲劇である。当時、アメリカを訪れる貧乏学生にとっては、この格安の大韓航空便はなくてはならない存在だった。この事件の一年後、実際に同じ便に乗って二ヶ月のアメリカ滞在から帰国した私は、寝静まった飛行機のディスプレイに映る飛行ルートを見ながら、飛行ルートが千島列島の東を通っていることを確認しつつも、不安で眠れない一夜を過ごしたことを思い出す。

あるいはこんな経験もオホーツク海に対する負のイメージを助長していたかもしれない。一九九〇年に職を得た北海道大学の低温科学研究所は、中谷宇吉郎先生の雪結晶の研究がきっかけとなって設立された研究所である。最初に配属された雪害科学部門では、主たる研究課題として積雪期の山で起こる雪崩の研究を行っていた。

北海道の北部、稚内にほど近い問寒別《といかんべつ》には研究所の雪崩研究施設があった。冬になると、施設での観測や実験を行うため、毎週のように札幌から車で問寒別に向かうことになった。慣れない冬道を緊張しながら天塩川に沿って運転すると、巨大な軍事物資を積載した自衛隊の車列とすれちがう。彼らは稚内の自衛隊基地に向かっているのだ。平和な日本には似つかわしくない光景に驚きつつも、オホーツク海を隔てたすぐ向こう側が東西冷戦の最前線であることを教えてくれる象徴的な出来事であった。

このような極東地域における緊張状態に対し、その頃、ヨーロッパでは大きな変革が起こっていた。東西冷戦の象徴であったベルリンの壁が一九八九年に崩壊。鉄のカーテンの向こうにいたソ連という超大国が、突然自壊を始め、ロシア共和国へと変わっていった。そして、旧ソ連の東西からはさまざまな情報が届くようになった。身近なところでは、日本海を隔てた反対側にあるウラジオストックの町が報道カメラマンによって世に紹介され、ロシアが一気に身近な存在になってきた。同志社大学や北海道大学の同世代の若者たちが、禁断の千島列島やカムチャツカの山々を訪問し始め、魅力的な自然と山々の写真を見せてくれた。かくして、かつては夢のまた夢であった極東地域の自然が一気に身近なものとなってきた。

最初のロシアとの接点はカムチャツカ半島であった。巨大なロシアという国家の最東端に、ヒラメのような形で南に延びるこの半島は、日本にはない氷河が存在する地域として、日本の氷河研究者にとっては長い間、憧れの地であった。職場からの応援を受け、一九九五年に初めてこの地に足をつけ、自分の目で見たカムチャツカ半島、そしてその西側に広がるオホーツク海は、それまで抱いていたこの地域に対する負のイメージを一掃するに余り有るものだった。素朴でお人好しでお節介焼きのロシアの人々。人工物のいっさいないカムチャツカ半島の自然。そして、何よりも青く広くどこまでも広がるオホーツク海。カムチャツカの地に足をつけ、北から南を見るという視座を持つことによって、初めてオホーツク海を身近な海と感じることができた。

ロシア極東地域が諸外国に門戸を開いたことをきっかけに、私は研究の対象をこの地域に絞ることにした。当時の私は一年四ヶ月にわたって過ごした南極から帰ったばかりであり、大きな仕事を終えて、次なる目標を必要としていた。無限に広がる南極大陸に立ち、その途方もない自然に大きな魅力を感じつつも、なにか、この地が自分の生きる地ではないような感覚から抜けきれなかった。南極から戻り、次なる課題を模索していた時に気づいたのは、人間の存在であった。人間という主体と自然環境という客体。この二つが揃っている地域を自分の生涯の研究課題としよう。地理学を通して学問の道に入り込んだ私には、それは最初にたたき込まれた刻印のようなものだった。

アイスコアに刻まれた北太平洋の環境変動史

氷河をめぐって自然と人間がおりなす相互作用を研究したい。氷河学という研究分野を専攻する自分にできる課題はこれだった。しかし、氷河が存在する地域は、人間の居住圏から最も遠いところにある。また、ひんぱんに氷河を訪れなければならない研究は、氷河を身近な場所に持っている諸外国の研究者に比べ、氷河に恵まれない日本人研究者にとっては不利な課題である。やるからには、氷河学を築きあげてきた欧米人にはできない仕事をしたい。日本人の氷河学者だからこそできる仕事をやってみたい。悶々とした日々に強烈な衝撃を与えたのが一九九五年のカムチャツカ訪問であった。そこは、まるで日本の氷河時代。湿原と森林、そしてその上に白く輝く氷河群。二万年前の昔に日本人が見たであろう原風景がそこには広がっていた。

一九九五年に始まったカムチャツカ半島での氷河研究はこのようにして始まり、一九九八年に半島中央部にそびえるウシュコフスキー山の山頂氷河でのアイスコア掘削をもって、いったん完了した。アイスコアとは、数百ｍの厚さを持つ氷河から、円柱状に切り出した雪と氷の試料を指す。氷河は毎年毎年降り積もる雪が長年にわたって堆積したものである。大気を通じて飛んできたさまざまな物質が、雪と氷にサンドイッチされ、いわば天然の歴史巻物のようになって氷河に冷凍保存されている。

氷河の表面から垂直に氷を掘り進むことで、一年ごとに過去に遡っていくアイスコア掘削。その感覚は特別のものである。「あっ、いま日露戦争の頃の氷に着いた」とか、「そろそろ天明・天保の大飢饉の頃だ」などと言いながら掘削を進めていく。掘り出されたアイスコアを見る限り、雪と氷に含まれる物質は微量なので、その外観は冷凍庫の氷となんら変わらない。しかし、融かした氷を精密な機器で分析することにより、雪と共に氷河に降り積もった植物花粉、窒素・硫黄酸化物、ダスト、黄砂、火山灰、原子力事故や原爆・水爆実験で放出される放射性物質などのさまざまな降下物の量が、時代と共にどう変化したのかを復元することができる。また、なによりも、降ってくる雪の量自体がどう変化したか、あるいは雪が降った時の気温など、過去の気象状態も、アイスコアから復元することができるのである。

二一一mの長さにおよぶウシュコフスキー山の氷試料を分析しているうちに、いろいろ面白いことがわかってきた。たとえば、アイスコアから復元される二〇世紀の降水量のデータを見ていると、一〇~二〇年周期で増減を繰り返している様子が見えてきた（図1）。これは、当時明らかになりつつあった北太平洋の北部、ちょうどカムチャツカ半島とアラスカに挟まれた海域で起こる周期的に変化する海面気圧の変動と連動していた。太平洋十年振動、あるいはその英語の頭文字をとってPDOと呼ばれる気候の変動である。ウシュコフスキー山に続いて実施したカナダのローガン山の氷試料から復元された降水量の記録にもPDOは現れており、太平洋を挟んで西側に位置するカムチャツカ半島の降水量と、東側に位置するアラスカ・カナダの山岳地域の降水量が、まるでシーソーのように片方が増えれば片方が減るといった具合に、一〇~二〇年周期で変わっているのである。

現在、世界的な問題となっている地球温暖化は、二酸化炭素などの温室効果気体が気候に与

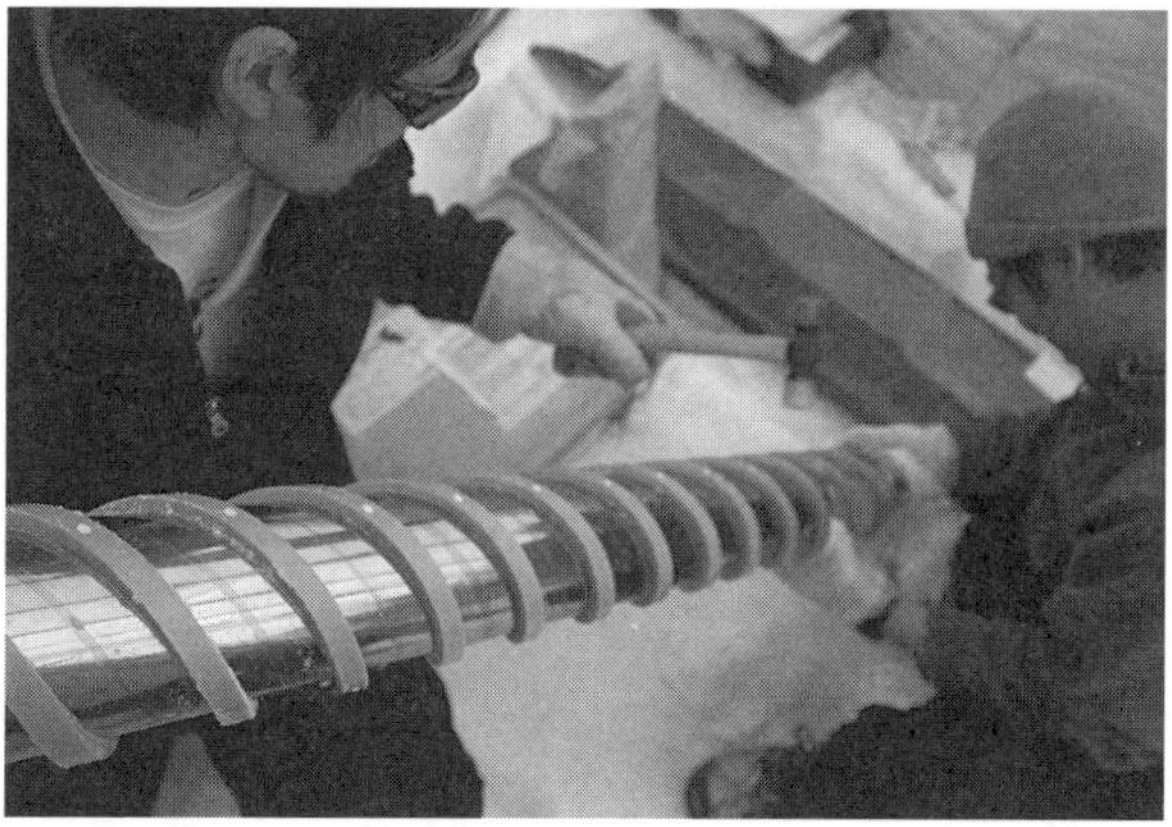

写真１　アイスコアの掘削風景

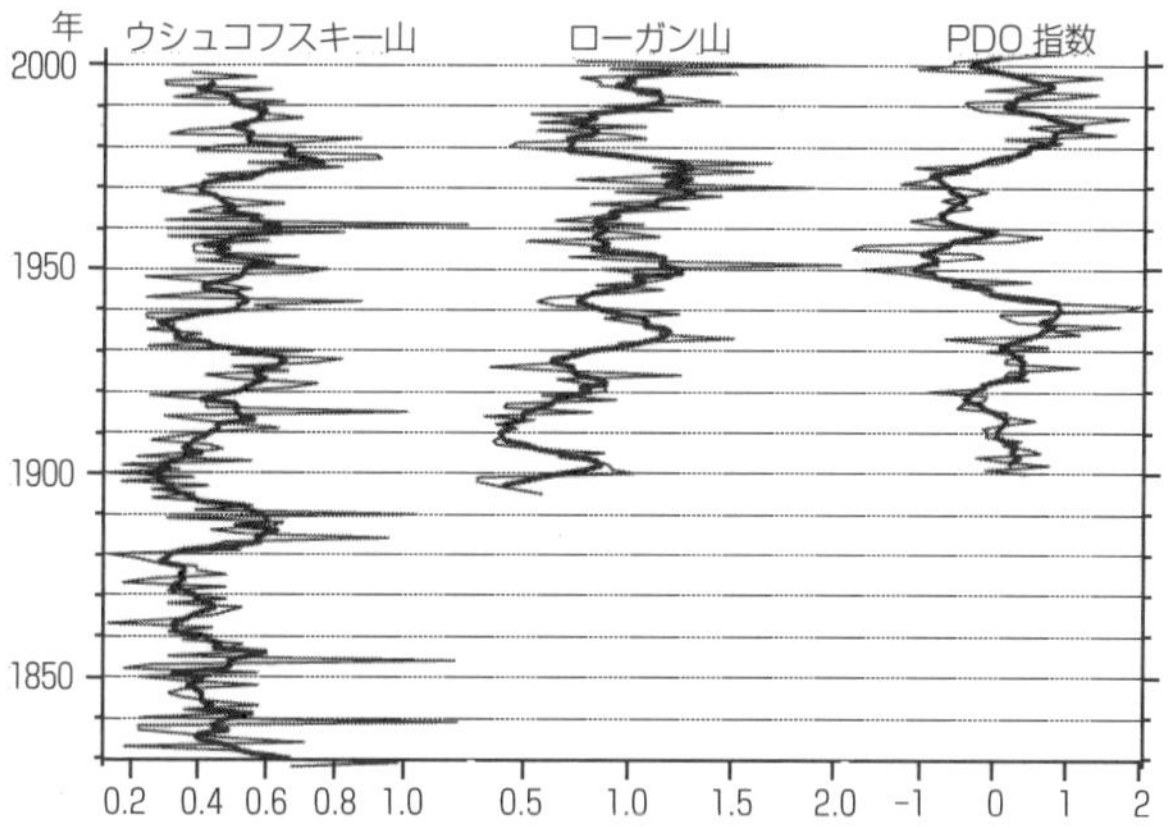

図１　過去180年間の降水量変動（m/年）と
太平洋十年振動（PDO）指数との関係

ウシュコフスキー山（カムチャツカ）とローガン山（カナダ）の氷河で掘削されたアイスコアを用いて復元された

える影響を、自然が元来持っている気候の変動から分離することで、はじめてその対策が見えてくる。一〇年や二〇年といった周期の気候変動を研究するためには、このような変動をたくさん含む長い期間の気象データが必要となる。一方、人類が計測器を用いて気象を観測し始めたのが、おおよそ二〇〇年前。一般的には、気象データは長くて一〇〇年程度の蓄積しかない。したがって、千年や長い時には万年におよぶ過去の記録を見せてくれるアイスコアの分析結果は、気候変動研究にとってうってつけの素材なのである。したがって、カムチャツカやカナダのアイスコア研究から得られた降水量変動のデータは、気候変動研究に貢献すると考えることが常識であった。

氷河と海のつながり

しかし、私の興味は別の点に向けられた。同じ頃にアメリカの研究者が、PDOとアラスカにある川のサケの遡上量が連動しているという論文を発表した。また、太平洋のイワシやサンマ、サバといった、いわゆる浮魚と呼ばれる動物プランクトンを主な餌とする魚たちが、気候変動と連動して増減を繰り返す現象が多くの研究者から報告されるようになってきた。これらの魚の変動は、ある一定の状態から次の状態にゆるやかに変化するのではなく、ある境の前後で極端に量が変わってしまうことから、「レジームシフト」と呼ばれている。

北太平洋で生じるPDOと呼ばれる気候変動にもレジームシフトのような急激な変化が起こっていた。すなわち、気候変動であるPDOと、生物の変動であるサケや浮魚の変動が、一見関係ないと思われるのに、じつは連動して起こっていたのだ。これから、両者の間になんらかのつながりがあることが予想される。

私には一点思いあたることがあった。アラスカのフェアバンクスにあるアラスカ大学で、共同研究者のカール・ベンソンさんと話していた時のことだ。ベンソンさんはグリーンランドの氷床研究で広く世に知られている雪氷研究者であるが、地元の山であるランゲル山の氷河研究は、本人もライフワークと位置づけ、若い頃から長い間にわたって続けている。一九八二年にベンソンさんご自身が掘削したアイスコアのデータに含まれる大気起源のダストの分析結果が示された手書きの図には、一九七五年までは比較的少なかったダストが、一九七六年を境に急激に増加する様子がはっきりと示されていた。

気候学者や海洋学者の間では、一九七五年と一九七六年の境界は、北太平洋の気候と環境が大きく変化した年として、よく知られている。カムチャツカ半島からアラスカにかけての北太平洋の北部海域は、冬の間、低気圧の墓場と呼ばれるほどに低気圧が通過する。その結果、冬の間を通じて定常的な低圧場が作られる。これを一般にアリューシャン低気圧と呼ぶのだが、一九七五年を境にして、一九七六年以降、急激にアリューシャン低気圧が強くなることが知られていた。

　ベンソン教授のデータを見るうちに、私の頭の中では、北太平洋の気候変動と魚類の変動をつなぐミッシングリンクとして、アジア大陸から東に飛んでいく黄砂の存在が浮かび上がってきた。ゴビ沙漠を主な起源とする黄砂は、春の訪れと共に乾く大地から上空に巻き上がる石英を中心とする砂粒である。粒子の大きさが小さいことから、日本海はいうにおよばず、日本列島を遠く越えて太平洋、そして北米大陸にまで風にのって飛んでいくことが知られている。黄砂には、窒素やリンなどのいわゆる栄養塩と呼ばれる物質が多く含まれ、海洋の植物プランクトンの光合成に使われる可能性がある。事実、黄砂が海中に落下することで、植物プランクトンが突発的に増殖することが当時わかりつつあった。

　つまり、こういうことになる。アリューシャン低気圧の強化はユーラシア大陸と北太平洋との間の圧力勾配を大きくするだろう。これによって偏西風が強くなり、アジア大陸から北太平洋へと輸送される黄砂が増加する。黄砂の増加は海に降下する栄養塩を増加させ、植物プランクトンを増加させるだろう。次いで動物プランクトンの増加が起こり、動物プランクトンに頼る小魚を増加させ、それを食するサケが増える。これが、見かけ上、ＰＤＯとサケや浮魚の変動が一致するメカニズムではないだろうか。今から思えば、風が吹けば桶屋が儲かる的な推論だが、自分の専門である氷河研究と海洋生物とをつなげることで、最終的には人間生活にも発展しそうな研究課題が見つかったことで、私は一人で興奮していた。

オホーツク海の恵み

ここで日本の北に広がるオホーツク海について簡単に紹介しよう。ユーラシア大陸の東岸には、北からベーリング海、オホーツク海、日本海、東シナ海というように、東端を火山群によって区切られる縁辺海が順序よく並んでいる。北西部をユーラシア大陸、北東部をカムチャツカ半島、南西部をサハリン島、東を千島列島、そして南を北海道に囲まれるオホーツク海は、総面積約一五三万㎢と、日本海の一・五倍ほどの面積を持つ大き

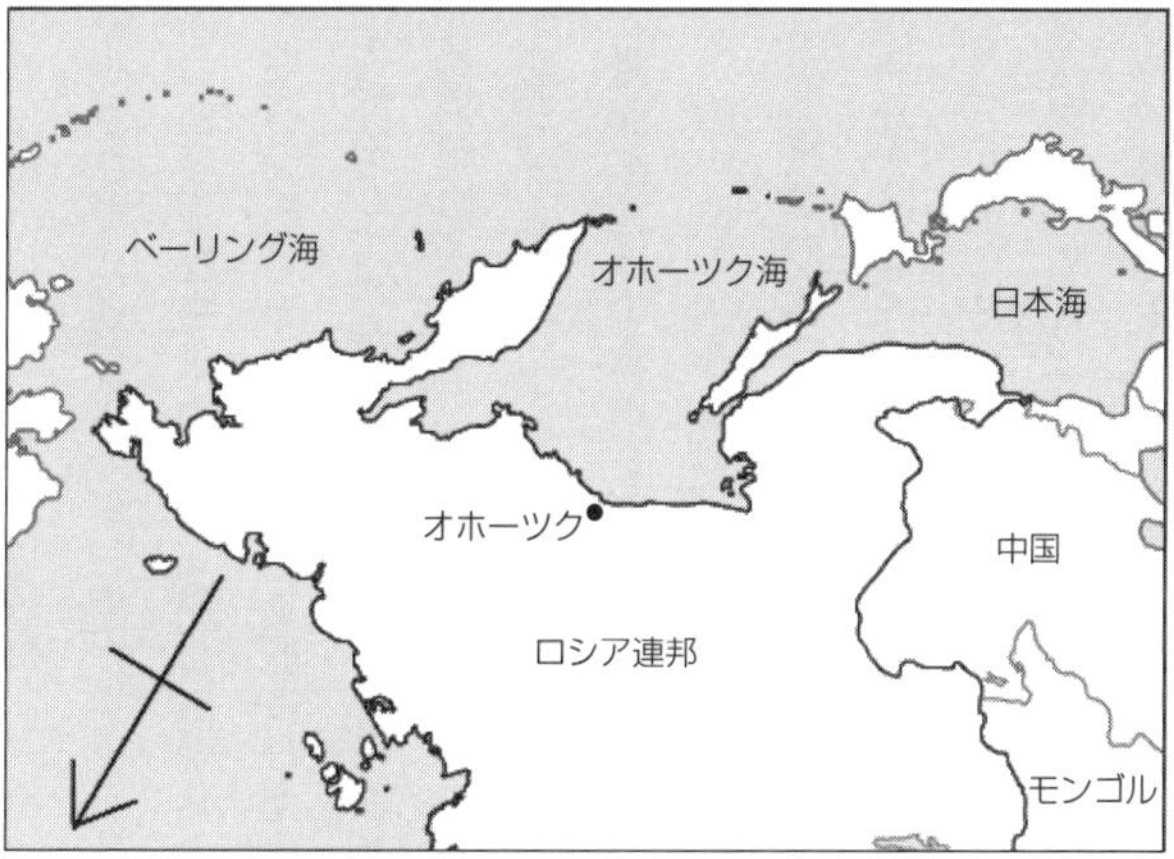

図２　オホーツク海と周辺海域の概念図

な縁辺海である（図2）。

　オホーツクという名前は、北西部に位置するロシアのオホーツクという町を流れるオホータ川に由来しているそうだ。今では人口五千人あまりの小さな町に過ぎないが、オホーツクはロシアが最初に築いた極東の拠点であり、一八世紀に入ると、毛皮を求める商人がここからカムチャツカやアラスカへと乗り出した。江戸時代の漂流民、大黒屋光太夫は、五年間にわたる漂流生活の末、ロシアに捕らえられ、オホーツクの町を経由して当時の都であるペテルブルク（現在のサンクトペテルスブルク）に送られている。一九世紀に入ると、商業の中心はペトロパブロフスク・カムチャツキーへと移り、その商業的な重要性は失われ、二〇世紀になってソ連時代になると、ウラジオストックが極東の中心として発展を遂げ、オホーツクの町は著しく過疎化した。

　我々日本人にとって、オホーツク海はなんといっても流氷の海である。流氷とは、海水が凍った氷を指すが、研究の世界では、陸地でできる氷河などの陸氷に対するかたちで、海氷と呼ぶ。だから、本書でも今後は海氷という用語を使うことにしよう。オホーツク海は、北半球の海氷の南限にあたる。オホーツク海の南端の緯度は四四度。これは地中海の北端に等しいので、この海が凍るということはヨーロッパの人々にとって驚きである。

　オホーツク海は生物多様性という観点からも貴重な海である。夏の間、宗谷岬を通ってオ

写真２　知床半島とオホーツク海の海氷（豊田威信氏撮影）

ホーツク海に流れ込む対馬暖流は、オホーツク海に暖流系の生物が生息することを可能にし、冬に強まる寒流の東カラフト海流は、寒流系の生態系を成立させた。その結果、オホーツク海には暖流と寒流の両方の特性を持った生態系が成立し、これを利用するサケ・マスなどの河川を遡上する魚の生育を可能にし、そのサケ・マスを食糧とするヒグマやシマフクロウなどの大型哺乳類を養っている。このような、凍る海を舞台とした陸と海の生命連環は、二〇〇五年七月に知床が世界自然遺産に認定される根拠となった。

目を水産資源に転じよう。オホーツク海とは日本にとってどのような海であろうか。平成一九年の統計データを見る。北海道の漁業生産量は一四六万トンで、全国の五六四万トンのうち二五・九％を占める。一四六万トンの内訳はホタテ（三八・六万トン）、スケトウダラ（二〇・三万トン）、サケ（一七・二万トン）、ホッケ（一三・四万トン）、サンマ（一三・一万トン）、イカ（九・四万トン）、コンブ（九・〇万トン）、タラ（二・六万トン）、タコ（二・四万トン）、マス（二・三万トン）、その他（一四・八万トン）。海域別で見ると、日本海海域（三〇万トン）、えりも以西太平洋海域（三四万トン）、えりも以東太平洋海域（四三・八万トン）、オホーツク海（三五・二万トン）となっていた。

沿岸地区漁協組合員一人当たりの生産額は、日本海海域が八四六万円、えりも以西太平洋海域一一三九万円、えりも以東太平洋海域が一九三四万円、そしてオホーツク海が三一六一万円。つまり、オホーツク海とそれに隣接する太平洋の親潮域（ここでは北海道の太平洋沿岸のデータを使用）では、日本全国の漁業生産量のおおよそ二〇％を占めている。オホーツク海の沿岸地区漁協組合員一人当たりの生産額三一六一万円という値は、もちろん日本で最も高い。

オホーツク海の大部分を領有するロシアにとって、その水産資源は日本以上に重要である。二〇〇六年のＦＡＯの統計によれば、ロシアの排他的経済水域（ＥＥＺ）における全漁業生産量三三〇万トン中、極東地域の生産量は一九九万トンと、広大なロシアの水産資源の六〇％を産出する。海域としては、オホーツク海（五一％）、ベーリング海（二四％）、カムチャツカ東部の太平洋（七％）が主要な極東の漁業海域である。その主要魚種は、スケトウダラ、各種サケ類、ニシン、イカ、サンマ、ヒラメ・カレイ、甲殻類などとなっている。

このようにして、オホーツク海という海は、流氷、生物多様性、水産資源という三つのキーワードによって、日本のみならず、極東地域の宝として古くから我々日本人にその恵みを与えてくれていたのであった。

なぜ、オホーツク海はかくも豊かな海なのであろうか。これがこの本の主題である。

第2章　鉄不足にあえぐ海

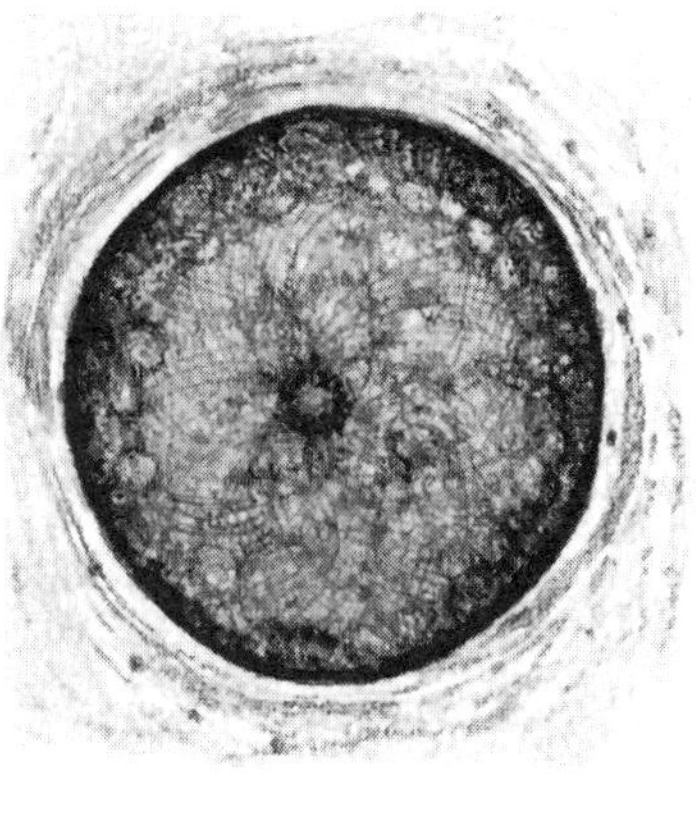

地球研プロジェクトの立ち上げ

二〇〇二年の夏。暖めてきたプランを携えて、研究所の先輩の成田英器さんと共に、京都にある総合地球環境学研究所（通称、地球研）を訪問した。その頃、私が勤務する北海道大学低温科学研究所は、文部科学省が新しく設立した地球研と連携を模索しており、私たちは北太平洋の気候変動が生物変動に与える影響の解明を、地球研で実現しようと考えていた。

教育と研究の二枚看板で進む大学院とは異なり、地球研は研究を唯一の使命とする機関である。大学共同利用機関と位置づけられていることからもわかるように、全国に存在する大学と連携しつつ、大学では実現しづらい大きなプロジェクトを推進していた。また、この研究所のユニークな点のひとつに、研究者はすべて六年間の任期で雇用されている点がある。終身雇用が一般的であった大学教員とは大きな違いがある。研究者の流動性を高めることで、研究所のマンネリ化を防ぎ、一方で巨額の予算をプロジェクトに投資することによって意欲ある研究者を全国から募集する。日本ではこれまでなかった新しい試みが京都の地で始まっていた。

二〇〇〇年に設立されたばかりの地球研は、京都御苑の東南の角にある旧春日小学校に間借りした仮所帯であった。同研究所の教授であり、我々の相談役を務めてくれることになった中尾正義さんと膝をつき合わせ、一枚の計画書を書き上げた。そのタイトルは、「北東アジアの人間活動が北太平洋の生物生産に与える影響評価」。

仰々しいタイトルの背後に込められた意味はこうだ。北太平洋で起こっている魚類の資源変動の幅はすさまじい。この変動は、日々の食糧のうち水産資源に多くを頼る我々日本人にとって、将来の食糧確保において大きな意味を持つに違いない。また、もしこれらの魚類の変動を引き起こす要因のひとつに、黄砂のように陸地からもたらされる物質の変化が関与しているならば、気候変動のみならず、沙漠化や森林火災などの要因が重要になってくる。これらの陸地表面の変化は、人間活動と大きく関わっており、結果的に陸地の人間活動がまわりまわって外洋の魚類に影響をおよぼしていることになる。だから、陸地の人間活動と海洋の魚類変動との間にある因果関係を明らかにし、もし人間が大きな影響を与えているならば、その対策を提示したい。

地球研の初代所長を務められた日高敏隆先生は、次のような研究所の理念を掲げていた。「地球環境問題の根源は、自然に挑み、支配しようとしてきた人間の生き方、いいかえれば、ことばの最も広い意味における人間の「文化」の問題である」。もしそうであれば、私たちが思いついた問題は、海の魚の問題を通して、陸地の人間のライフスタイルを考えるいいきっかけになるだろう。もし海洋の生態系変動に陸地の人間活動が影響を与えているとするならば、それに大きく依存して暮らしが成り立っている日本こそが率先して取り組む価値がある。また、オホーツク海や親潮といった日本の水産業の生命線を握る海域の研究は、直接日本人の将来にも関わっている。まだ漠然とした考えに大きな不安を抱えながらも、なにか得体の知れない磁力に向かって引きつけられていくのを感じていた。

こうして、私たちの最初のアイデアは、地球研の推進する「人間活動影響評価」という研究軸と、「政治システムの変革に代表される価値観の変化や産業・経済活動がおよぼす地球環境への影響評価」というプログラムに位置づけられ、インキュベーション（孵化）研究のひとつとして始まることになった。二〇〇二年夏のことである。

アムール川という伏兵

二〇〇二年一一月一一日、低温科学研究所の所長室において、居並ぶお歴々を前にして私は緊張しながら計画を説明した。このプロジェクト研究が、地球研と低温科学研究所との連携によって進められる以上、なによりもまず送り出す側の低温科学研究所の関係者を説得し、プロジェクトの期間中、強力な後方支援を取りつけなければならない。

計画を説明するや否や、会議に参加した面々から矢継ぎ早に厳しい質問が浴びせられた。「専門家もいないのに、本当に水産資源変動を主題としたプロジェクトができるのか?」、「魚類の変動は、なにも気候変動や環境変動だけで起こるわけではない。なによりも魚の生態の研究が必要ではないか?」、「氷河と海の水産資源を結びつけることが本当にできるのか?」、「人文社会学的な部分は問題をあいまいにするだけである。自然科学に専念した方がよい」……。どれもこれも、まったくその通りの指摘なのだが、これに屈していては、従来の視点を突き破る新しい考えは生まれない。二時間の会議は冷や汗の連続だったが、次回はより専門に近い関係者を招いて再検討することを誓って逃げ切った。

この会議で受けた指摘の中で、無視できない指摘が二つあった。ひとつは、オホーツク海におよぼすアムール川の影響である。アムール川がオホーツク海に与える影響は古くから知られていた。それは低温科学研究所の大先輩である青田昌秋さん（北海道大学名誉教授）が提唱していたアイデアである。曰く、アムール川の供給する淡水によってオホーツク海の表層に塩分濃度の薄い層が形成され、この層があるが故にオホーツク海では上下にかき混ぜられにくい二層構造が発達する。この海洋構造こそがこのような低緯度で海氷が発達できる条件であるという。

現在でも、この説明はしばしば耳にする。しかし、この当時、この説に真っ向から挑んでいた研究者がいた。立花義裕さん（三重大学）である。立花さんとは同じ大学にいたために、学生時代からよく見知っていた。「シベリア氷床はなぜできなかったのか？」など、常に大きなテーマを掲げて、常識に正面から挑んでいく面白い研究者だ。日常生活でも公式の場でも、常にジャージを履いて登場するので、これが彼のトレードマークになっていた。アムール川についても彼の持ち前の挑戦心が発揮され、誰もが信じきっていたオホーツク海の海氷におよぼすアムール川の影響について再検討を加え、結局、アムール川の水量は、多ければオホーツク海の海氷を小さくし、少なければ海氷が多くなるという、従来いわれていたこととは異なる事実を発見するにいたる。

もうひとつの指摘は、同じ研究所にいた中塚武さん（現名古屋大学）からのものだった。中塚さんとは、年齢が近かったにもかかわらず、彼の専門が地球化学、私が氷河学ということで、同じ研究所にいながらそれまでほとんど交流がない状態が続いていた。といっても、なにもこれは特筆する問題ではない。専門分化が極端に進んだ現在の日本の大学では、壁ひとつ隔てた隣人が何をしているのか、皆目わからないという状況はどこにでもある。

中塚さんの指摘する問題も核心をついていた。オホーツク海や、それに隣接する親潮の植物プランクトンは、アムール川が運ぶ物質に頼っているのではないか? その指摘は具体的なデータに基づく説得力のあるものだった。一九九七年から二〇〇二年にかけて、低温科学研究所では若土正曉さんを代表として、日米露の三ヶ国の共同研究というかたちで、「オホーツク海氷の実態と気候システムにおける役割の解明」と題するプロジェクトを実施した。五年間におよぶ国際共同研究では、それまで外国人の侵入を拒んできたオホーツク海だけあって、リーダーの若土さんのご苦労は人にいえないほどであったに違いない。しかし、その成果も大きく、このプロジェクトによって、オホーツク海という東アジア縁辺の小さな海が、地球全体の気候に影響を与えるような働きをしていることがわかってきたのである。

二人から与えられた突然の具体的な指摘に、計画を進めてきた成田さんと私は戸惑った。もしアムール川の役割がそれほどに大きいとすると、私たちの得意とする氷河を利用した大気からもたらされる物質の復元が、主役から転落してしまうかもしれない。しかし、次のような若土プロジェクトの成果を聞くにつれ、ひょっとしたら、我々の提案した課題の裏には、想像もしなかった大きな果実が潜んでいるのではないかと思うようになった。

太平洋の心臓としてのオホーツク海

多くの人々は、オホーツク海を覆う海氷がアムール川の河口で作られると信じている。そして北海道にやってきた海氷を指し、アムール川の贈り物という。しかし、若土プロジェクトが明らかにしたのは、常識を覆すものだった。オホーツク海の海氷の主たる生産地は、アムール川河口のさらに北に位置する大陸の沿岸であった。ここにはポリニアと呼ばれる冬になっても海氷に覆われず、海水が見えている領域が存在する。シベリアの大地を通って吹きつける極端に低温の北西風は、このポリニアにおいて海の水を凍らせる。できた海氷は、風によってどんどん南東に流されていく。そして再びポリニアで海が凍る。このようにして、ポリニアは海氷の製造機として働いていることが判明した。

一方、海の水は塩分に富んでいる。この塩水が凍ると何が起こるだろうか？　氷は水の結晶であり、これは海氷とて変わりはない。結晶は一般的にいって純粋な物質である。もし液体に不純物が混じっていると、結晶ができるときに不純物を排出する。海水が冷たい上空の大気と接することで冷やされると、海水が凍り始める。しかし、海水中に含まれるさまざまな塩分

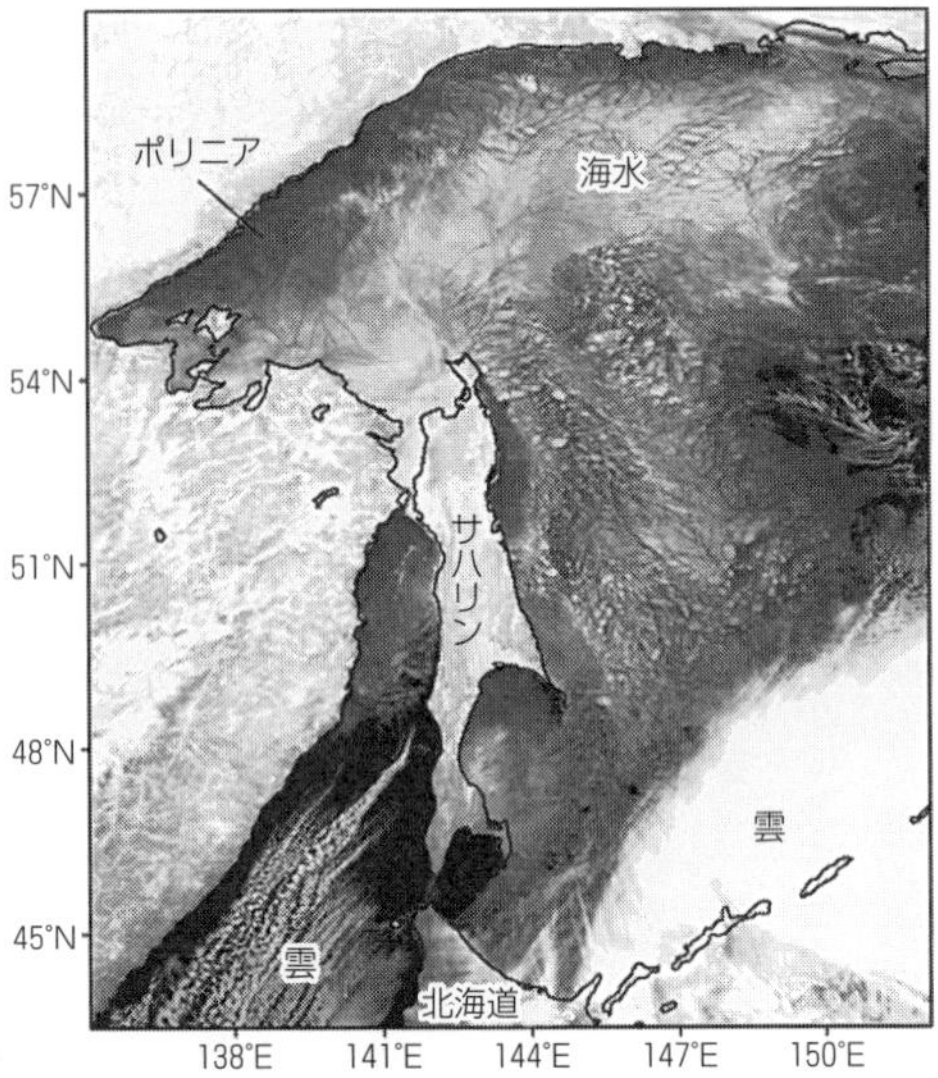

写真３　サハリンの北、大陸の縁辺に出現するポリニアと呼ばれる海水面（Nihashi et al. 2009の図を改変）

は、海氷から排出され、ブラインと呼ばれる冷たく密度の高い液体となって、海氷から下方に沈んでいく。ポリニアにおいては、この作用によって、海氷が作られると同時にどんどん重いブラインが形成され、これが鉛直流となって海底に広がる大陸棚の表面を流れ下っていたのである。

若土プロジェクトにおいてオホーツク海の物質循環の観測を担当した中塚さんは、多点にわたって鉛直方向に採取したさまざまな深度の海水中に含まれる懸濁物質濃度の測定から、オホーツク海においては、ある深度の水に多量の固体粒子が含まれていることを発見した。この濁った水は、ポリニアの直下の大陸棚から始まり、それが深度を増しながらオホーツク海を南に向かい、千島列島まで続いていた。この濁った水の起源はなんだろうか？

同じプロジェクトで海洋物理観測を担当した大島慶一郎さんたちのグループは、中塚さんが見た濁った水を、別の観点から追いかけていた。海水の塩分と温度である。海水は同じ水であっても、塩分と温度で微妙に密度が異なる。この密度の違いが、海水を動かす力となる。したがって、海洋観測船を使っていろいろな深度の塩分と温度を測定することにより、その海域の水の流れをおおよそ知ることができるのである。

大島さんらの追跡は、驚くべき事実を明らかにした。オホーツク海の北西岸のポリニアで形成されるブラインは、低温で塩分濃度が高い密度の重い水であるが、ポリニアを通して空気と常に接していたため、多量の酸素を溶かし込んでいる。この水がオホーツク海の中層を通って、千島列島の狭い海峡を抜け、さらには北太平洋の遠く北米方面まで広がっていることを発見したのである。つまり、毎年冬にオホーツク海で形成される海氷は、ブラインを形成することにより、オホーツク海のみならず、北太平洋全域にわたって低温で溶存酸素に富んだ水を送りこんでいたのである。彼らはこの水塊を北太平洋中層水（ＮＰＩＷ）と呼び、このメカニズムを例えて「オホーツク海は北太平洋の心臓である」と言った。

中塚さんの発見した固体粒子に富む中層水も、この水と同じである。そしてもし、オホーツク海の一地域で形成された水が北太平洋に遠く運ばれるのであれば、粒子だけでなく、そこに溶けている物質も同じように運ばれるに違いない。オホーツク海の北西部に大量の物質を流し込むのは、アムール川以外にはありえない。なんといっても、アムール川からオホーツク海に流れ込む水の量は、平均で毎秒一万トン。オホーツク海に注ぐ全河川の淡水の半分がアムール川からの流入である。中層水に乗って運ばれるさまざまな物質もアムール川が運んだものに違いない。会議での中塚さんの指摘によって、オホーツク海や太平洋親潮域の植物プランクトンに影響を与える要因として、アムール川の存在が急激に浮かび上がってきたのである。

植物プランクトンを育む「鉄」

海洋生態系の食物網の基礎をなしているのは植物プランクトンである。その上位に動物プランクトン、浮魚や甲殻類、大型魚類、海洋哺乳類と続き、間接的ながら人間もその一角を占め、複雑なネットワークでつながっている。では、その植物プランクトンとはどのような生物だろうか。

名前からしてわかるように、植物プランクトンは光合成によって成長する植物である。光合成とは、太陽からの光を使って、水と空気中の二酸化炭素から炭水化物を合成する働きであり、この時、陸上の植物は土中に含まれている窒素、リン、カリウムなどの栄養塩と呼ばれる物質を使用し、酸素を放出する。植物プランクトンの光合成もまったく同じであり、土中の栄

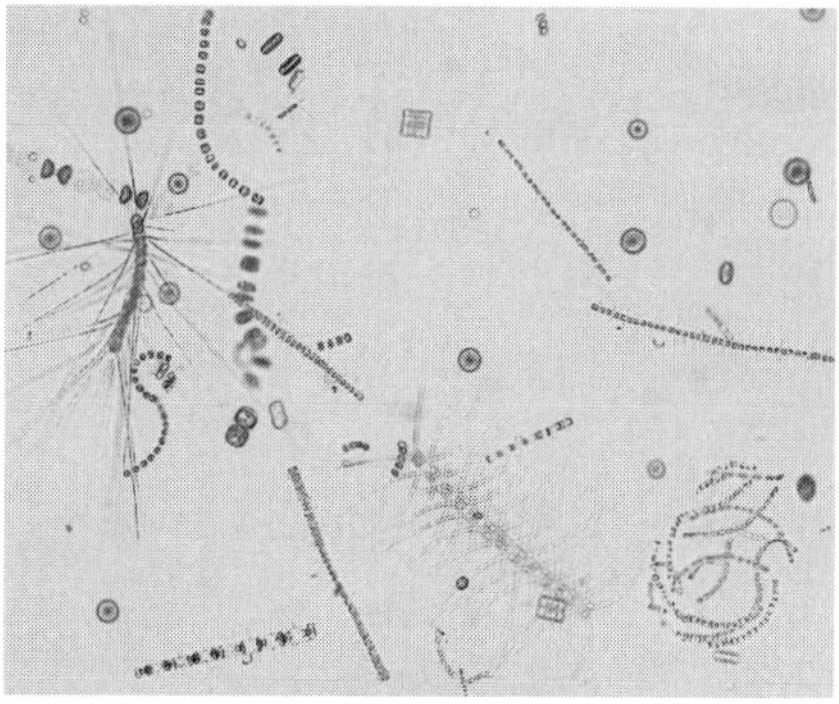

写真４　オホーツク海や親潮で卓越する植物プランクトンである珪藻（*Hyalochaete* 亜属 *Chaetoceros* spp. など）（杉江恒二氏提供）

養塩のかわりに、海水中に溶けている栄養塩を利用する。

「土がいい」とか「土が悪い」というように、しばしば農作物の出来具合を表す際に土の善し悪しが話題になる。その内容は、土の排水性であったり、土に含まれる栄養塩の量やバランスであったりするのだが、地球上に広がる海も、栄養塩という点から見ると一様ではない。海水中の栄養塩は、光が届く海洋表面において植物プランクトンに利用されるため、枯渇することになる。そして、栄養塩に富んだ深層や中層の水が表層に湧き上がることによって、枯渇した栄養塩が再度補給され、次なる植物プランクトンを養うことになる。したがって、海洋の中で栄養塩が豊富な海は、鉛直の循環がさかんに起こる地域といいかえることもできる。このような海は、低気圧に起因する強風によって常に海が攪拌《かくはん》されている高緯度の海や、海流によって湧昇流が作られる海である。

世界の海には、東部太平洋赤道域、南極海、北太平洋亜寒帯域のように、栄養塩が夏になって余っているにもかかわらず、植物プランクトンの増殖が止まってしまう海域が存在することが、一九三〇年代頃から知られていた。このような海は、高栄養塩・低クロロフィル海域(High Nutrient Low Chlorophyll を短縮してＨＮＬＣ海域)と呼ばれ、なぜ栄養塩があるのに植物プランクトンが増殖できないのか、その理由が長い間議論されてきた。米国ウッズホール海洋研究所のジョン・マーチン博士は、この原因が鉄の不足にあると考え、このような海域に鉄を人工的に散布することにより、植物プランクトンが増える可能性を指摘した。

鉄が植物プランクトンの光合成に関与しているという話は奇異に聞こえるかもしれない。鉄は、陸上ではきわめてありふれた元素であり、どこにでも存在する。しかし、その水に溶けにくい性質のゆえ、海水中にはきわめて微量な濃度しか存在せず、二〇世紀の終わりになるまでは有効に分析する方法が存在しなかった。海水中の微量な鉄の分析が可能になると、ＨＮＬＣ海域では鉄が不足しており、そこに人工的に鉄を添加することによって実際に植物プランクトンが増殖することが確認されるようになった。

いったい、植物プランクトンはなぜ鉄を必要とするのだろうか。植物プランクトンは、前に述べたように、窒素、リン、ケイ素を主要な栄養塩として利用する。このうち、窒素は窒素ガス（N_2）、硝酸イオン（NO_3^-）、亜硝酸イオン（NO_2^-）、アンモニウムイオン（NH_4^+）という異なるかたちで海洋中に存在する。ある特定の種の植物プランクトンを除き、多くの植物プランクトンは、窒素ガス、硝酸イオン、そして亜硝酸イオンを直接同化することができない。そのため、これらの元素を還元して利用する仕組みを進化させてきた。その仕組みとは、鉄原子が電子と結びついたり離れたりしやすい性質を利用して、硝酸イオンや亜硝酸イオンをアンモニウムイオンに還元して取り込む能力である。

よく似た仕組みに、人間が身体の隅々に酸素を送り込む機能がある。血液中のヘモグロビンは、鉄原子を中央に持つタンパク質であり、肺で取り込まれた酸素がヘモグロビンの鉄と結合し、血管を通じて身体の末端部まで輸送される。そこで、酸素を切り離し、再び肺に運ばれて酸素と結合して、身体全体に酸素を輸送する働きをしている。それゆえ、体内に鉄が欠乏すると、酸素を輸送するヘモグロビンが欠乏し、貧血などの症状を起こすのである。

生命の誕生期、地球上は酸素のほとんどない環境であった。このため、水中には大量の鉄が溶けており、その鉄を利用するかたちで生命の進化が進行した。その結果、植物の光合成によって地上に酸素が満ちあふれ、酸素と結合しやすい鉄は酸化鉄となって水中からは取り除かれた。鉄を利用するかたちで進化した植物プランクトンが、自身の光合成が作り出した酸素によって鉄不足の海域であえいでいる現在の状態は、進化の皮肉を思わせる。

高栄養塩・高クロロフィルのオホーツク海と親潮

世界の海に広くHNLC海域が存在する一方、オホーツク海や千島列島を挟んでそれと隣り合ういわゆる親潮海域は、世界的に見ても最も植物プランクトンの生産量が高い海として知られている。しかし、これらの海域では、夏に栄養塩が余ってしまうことはほとんどなく、前述したHNLC海域とは異なる状況にある。なぜ、オホーツク海や親潮では、栄養塩が最後まで利用しつくされるのであろうか。

我々が注目した学説は、松永勝彦さん（四日市大学、北海道大学名誉教授）によって提唱されたフルボ酸鉄を介した河川と海洋生態系のつながりであった。分析化学を専門とする松永さんは、日本における微量金属分析の第一人者であると共に、日本各地の沿岸で生じていた磯焼けの原因を、その沿岸に流入する河川流域の森林の荒廃にあると考えたパイオニアである。森林の荒廃によって、森林が河川に供給する腐植物質が減少し、この腐植物質の減少が、川から海に運ばれる鉄を減少させるという考えである。なぜ鉄とは関係のない腐植物質の減少が鉄の減少につながるのか。その点については八章で詳述する。松永さんには、プロジェクトの立ち上げ会議にも参加していただき、その学説について直接教えていただく機会を持つことができた。そして、我々のプロジェクト自体、松永さんが北海道の小河川とそれに隣接する沿岸域で提唱した仮説を、アムール川とオホーツク海というはるかにスケールの大きな場で立証しようという性格も帯びることになった。つまり、松永仮説の地球規模検証プロジェクトとしての役割である。

以上、ここまでの段階の調べでは、黄砂とアムール川という二つの鉄の供給源が、オホーツク海や親潮に鉄を供給する可能性が浮かび上がってきた。海水中に溶けにくい鉄は、どこか別のところから常時海に補給される必要がある。鉄は陸上ではありふれた元素であり、例えば、中国から日本に富んでくる黄砂の質量の四〜六％は鉄といわれている。二〇〇一年四月上旬に発生した黄砂は、西日本だけでなく北日本にも大量に降り積もり、太平洋を越えて北米大陸にも飛来した。このことから、黄砂が海洋に鉄を供給する最大の要因であることが先行研究から容易に想像できた。

我々のプロジェクトは、オホーツク海とそれに隣接する親潮がＨＮＬＣ海域にならないのは、大陸から鉄が効率よく運ばれているからであると考え、その経路を黄砂とアムール川の二つに絞り、集中して観測することを決定した。そして、二つの重要な場所の名前にちなんで名づけられたアムール・オホーツクプロジェクトが、地球研の予察研究として始動することになった。二〇〇三年二月のことである。

第3章　国際チームをつくる

共同研究相手の探索

黄砂とアムール川が大量の鉄をオホーツク海と親潮にもたらし、それがオホーツク海の生産性に大きく影響しているらしい。しかし、アムール川の全長は四四四四km、そして流域面積二〇五万km²。日本の五・四倍もある流域のどこをどう調べたらよいのだろうか。陸域のターゲットとしてアムール川流域に狙いをつけたものの、どうやってこの問題に切り込んだらよいものか。最初から高いハードルが待っていた。すでに研究の実績と経験があったオホーツク海はさておき、アムール川流域の研究については、前述した立花義裕さんがハバロフスクにあるロシ

ア連邦水文気象・環境監視局と共同研究を行った実績がある以外、我々の周囲には土地勘のある研究者が誰もいなかった。

二〇〇三年の春、別の仕事でアラスカ州フェアバンクスにあるアラスカ大学を訪問していた時のことだった。仲間のアメリカ人が紹介したい人がいるという。それはまさに天の助けといわずにはおられないような方だった。彼の名前はヴァレンチン・セルギエンコ。ロシア科学アカデミーの会員であり、同極東支部の議長である。

我が国にも日本学士院という存在があり、そこには学問の世界で顕著な業績を挙げた研究者が会員として一五〇名近く登録されている。しかし、彼らの立場は、どちらかというと名誉職に近く、学士院という組織自体がさまざまな研究活動を実施するという体制にはなっていない。一方、ロシアや中国などの旧共産圏の国々では、科学アカデミー（中国では科学院）が最先端の研究を担当し、大学が高等教育を担うという分業ができている。ウラジオストックに本拠地を置くロシア科学アカデミー極東支部は、モスクワに拠点を置くロシア科学アカデミーの持つ三つの地域支部のひとつであり、アムール川流域の研究は、この支部の傘下にある数々の研究機関が行っている。つまり、まったくの偶然にして、いま必要としている人脈の頂点に位置する人物と遭遇してしまったのである。

興奮を抑えながら、自分たちの考えているアイデアを話し、恐る恐る反応を見る私に対し、セルギエンコ議長はこう言った。「面白そうだね。一度、ウラジオストックにおいでなさい。相談にのってあげましょう」。この一言で、一挙にアムール川流域での研究に対する展望が開けたと思った。

セルギエンコ議長の勧めにしたがって、ウラジオストックに拠点を置くロシア科学アカデミー極東支部を訪問したのは、この年も終わろうとする一二月中旬のことだった。富山空港からヤコブレフ四〇という小型飛行機で二時間。海沿いの町とはいえ、さすがにこの時期の大陸の寒さは日本とは格段に違っている。驚いたことに、ウラジオストックのピョートル大帝湾の海は凍っていた。北半球ではオホーツク海より南にある海は凍らないと思っていたが、内湾はその限りではないようだ。

町の中心にある石造りの立派なビルにあるオフィスを訪れると、春に出会ったセルギエンコ議長が快く迎えてくれた。そこで、我々は再度プロジェクトの計画を説明し、協力を求めた。会談は終始なごやかに行われたが、なんだか居心地が悪かった。恰幅のいいセルギエンコ議長の背後にはプーチン大統領の肖像が掲げられ、科学研究の相談をしているのに、国を代表してロシアに対峙しているような気分であった。

会議の結果、アムール川流域の研究を行う機関として、同じウラジオストックにオフィスを持つ太平洋地理学研究所と、ハバロフスクに拠点を持つ水・生態学研究所の二つの機関を紹介

写真5　ロシア科学アカデミー極東支部議長ヴァレンチン・セルギエンコさん（左から2番目）

してくれた。前者は、地理学を得意とし、鉄がその起源を持つであろうアムール川流域の陸地の状態についての調査に協力してくれそうであり、後者はアムール川の観測をするには必須である観測研究船を有しているということであった。

一方、ウラジオストックでは、もうひとつの重要な機関を訪問した。それは、極東水文気象研究所（略称ＦＥＲＨＲＩ）である。この研究所は、ロシア科学アカデミーではなく、連邦政府直属の機関であり、全国の気象水文観測網を展開するロシア連邦水文気象・環境監視局に属する研究機関である。若土正曉さんが中心になって推進したオホーツク海の国際共同研究で活躍した機関であり、日本側からは絶大な信頼が置かれていた。したがって、アムール・オホーツクプロジェクトの実施するオホーツク海の観測航海も、この機関と共同で実施することを決めていた。所長はユーリ・ボルコフさんという。

ロシア科学アカデミーに属する太平洋地理学研究所は、ロシア極東地域の地理学的な問題を一手に担う研究機関である。所長のピョートル・バクラノフさんは、ロシア科学アカデミーの会員の一人でもあり、日本の経済学者や人文地理学者らの人望も厚く、我々はアムール・オホーツクプロジェクトの推進にあたって、ぜひともバクラノフさんの協力を得たいと考えていた。セルギエンコ議長からの紹介を得ていたせいか、我々の訪問は快く迎えられ、アムール川流域全域の土地利用状態をデジタル地図化するという野心的な課題を中心に、太平洋地理学研究所との共同研究を実施することになった。

ウラジオストックという町は、帝政ロシアが極東の地を治めるための拠点として一八六〇年に建設した新しい町である。日本海を挟んで日本と対峙する坂の多いこの町は、ヨーロッパの街並みを持ち異国情緒あふれる魅力的な町である。もっとゆっくりしたいという誘惑にかられつつも、二日間にわたる緊張する会議をこなした我々は、シベリア鉄道の終着点であるウラジオストックから、次の大きな町であるハバロフスクへと夜行列車で移動した。澄みわたった星空の下、極東の針広混合林の雪原を走る一晩の旅である。

ハバロフスクでは、水・生態学研究所を訪問し、プロジェクトへの協力をお願いした。ボリス・ボロノフ所長以下、水文地形学のマヒノフ副所長、有機化学のコンドラチェワさん、化学の全覚文さんらの主要な教授陣を前に、アムール川が輸送する鉄の重要性を説いたのだが、おそらく彼らの頭の中には疑問符が灯っていたことだろう。説明を終わるや否や、コンドラチェワさんがアムール川の汚染問題について、一方的にまくしたて、なぜ汚染問題を研究しないのか？　ロシア人はこんなに困っているんだぞ！　と我々を詰問した。あまりの情熱にたじたじとなりながらも、鉄を介した陸海の生態系連環という科学としての斬新性を繰り返し説明して、ようやく納得してもらえたようだ。

この研究所と協力できることは、我々にとって大きな意味がある。アムール川のような大河を観測するには、研究船の存在が不可欠である。海を航行する研究船が川を遡ることはできないので、川に特化した研究船である。しかし、このような研究船を持っている機関はそうそうない。そして、この水・生態学研究所は、ラダガ号という小さいながらも実績のある研究船を持っていた。アムール川の水を各所で調べたい我々にとっては、ラダガ号の存在は大きかった。

ハバロフスクではもうひとつの重要な機関で協力を取りつけた。それはロシア連邦水文気象・環境監視局のハバロフスク支局。日本でいえば、気象庁が各地に持つ気象官署に相当する。日本では国土交通省の管轄となる一級河川の水位や水質に関する観測業務が、ここロシア

写真6　アムール川観測船ラダガ号（長尾誠也氏撮影）

では水文気象・環境監視局に託されている。アムール川水系の水文・水質データを調べるには、この機関の協力が不可欠であった。幸い、立花義裕さんが数年前からこの機関の協力を得て、アムール川の水量についての共同研究を開始していた。立花さんの科学者としての熱意と誠実さは、長官であるアレクサンザー・ガブリロフさんの厚い信頼を勝ち得ており、我々への協力も快く引き受けてくれた。

ロシアの研究機関との共同研究に目処がついたところで、残りの半分は中国との連携であった。国内の何人かの研究者に相談したところ、いくつかの強力な機関が共同研究相手として候補にあがってきた。中国科学院長春東北地理農業生態学研究所、同じく瀋陽応用生態学研究所、そして東北林業大学である。それぞれ、地理情報システム、生物地球化学、森林火災・流域水文学を得意とし、我々の興味の対象である黒竜江《こくりゅうこう》（アムール川の中国名）やその支流である松花江《しょうかこう》とウスリー川のフィールド調査に豊かな経験を持つ機関であった。二〇〇四年の一月、豪雪に見舞われた北海道を脱出し、中塚武、柴田英昭（北海道大学）、楊宗興《ようむねおき》（東京農工大学）、春山成子（三重大学）らの仲間と共に、これらの研究機関を訪問して、ひとつひとつ協力を取りつけた。

二〇〇四年三月。一年間かけて作り上げたチームメンバーが、国内はもとより、ロシア、中国からも京都に集結し、研究計画を練り上げるための国際ワークショップを開催した。いよいよ、アムール・オホーツクプロジェクトが始動することになった。

大河アムールを遡る

ローカルテレビの取材班が中国の宋男哲《そんなんじぇ》さんにインタビューを行っている。船上では、クルーズ船ウスリー号のロシア人乗組員たちが、せわしなく出港の準備を進める。主催者のエフリーモフ氏は、キャビンでロシア人研究者と歓談を続けている。

二〇〇四年九月二五日、アムール川の中流に位置する町、ハバロフスクのフェリー乗り場には、ロシア、中国、そして日本の研究者が集まって、一〇日間にわたる船上会議が始まろうとしていた。小さなフェリーボートに乗って一〇日間。三ヶ国の研究者が寝食を共にしながらアムール川を遡り、アムール川を取り巻く環境問題、将来の保全策、国際共同研究の在り方を探ろう。ハバロフスク地方政府の環境局が企画し、アムール川流域の各州知事が協力したツアーが始まろうとしていた。

我々がアムール・オホーツクプロジェクトの実現を目指して、中露の研究者の協力をお願いして飛び回っていた頃、ロシアはロシアでアムール川を主題とした大々的なプロジェクトを計画しているところであった。これは、二〇世紀初頭に行われた学際的なチームによるアムール川流域探検につぐ、一〇〇年ぶりの大事業と位置づけられていた。我々にとっても、この話は渡りに船で、協力できるところは協力し、お互いの事業を進めていこうということで合意した。今回のクルーズツアーは、このような背景の下に企画されたものである。

ロシア人のみならず、中国と日本の研究者が同乗してアムール川を遡るというこの企画は、とりわけ意義深いものであった。アムール川は、三五〇〇㎞にわたって川自身が中露国境をなしている。しかし、この国境は必ずしも安定して両国から認められてきたわけではない。間宮林蔵が口述して村上貞助が筆録・編集した『東韃地方紀行』を読むと、アムール川の下流域は当時清国の支配下にあったことがわかる。ところが、一九世紀の後半から末にかけて、清の国力の弱化につけこみ、帝政ロシアがアムール川以北とウスリー川以東の地域を自国領としてしまう。この不当な領有は、一八五八年と一八六〇年にそれぞれ締結されたアイグン条約と北京条約によって法的に確定した。これ以降、日本の満州国建国や、中露の国境紛争によって、国境としてのアムール川は、外国人はおろか、中露の人々にとっても接近しがたい境界として存在し続けることになった。アムール川を舞台とした中露国境の確執の歴史と解決にいたるドラマは、岩下明裕さん（北海道大学）の著書にくわしいので、興味のある方はぜひ参照してほしい。

岩下さんによれば、一九八〇年代の後半に始まるソ連のペレストロイカ、そして中国の改革・開放路線が、両国の間に急速な和解をもたらす始まりであった。一九九一年五月に締結された中ソ東部国境協定では、東部四三〇〇㎞の国境のうち、九八％の国境線について合意がなされ、二〇〇四年一〇月には二％の未解決地として残っていたアムール川支流アルグン川のアバガイト島と、ハバロフスクの西方にあるボルショイ・ウスリースキー島およびタラバーロフ島がそれぞれ半々に両国に振り分けられ、長年にわたる両国の国境紛争が幕を閉じたのであった。

血で血を洗う紛争が続いたまさにそのアムール川を、国境確定がなされる前夜、中露のみならず、日本の研究者が同乗してひとつの船で遡るという試みは、今となってはロシア側もよく思いきったことをしたものだと感心する。しかも、その乗船名簿に名を連ねた人々は、張柏《ちゃんばい》さん（中国科学院長春東北地理農業生態学研究所長）、宋男哲《そんなんじぇ》さん（黒竜江省環境保護局環境監視センター副所長）、アレクセイ・マヒノフさんとリュボフ・コンドラチェワさん（ロシア科学アカデミー極東支部水・生態学研究所）、エレーナ・イワノワさん（ロシア連邦水文気象・環境監視局）等々。ほぼ例外なく、我々が最重要人物としてアムール・オホーツクプロジェクトの共同研究者として選んだ人たちであった。これから始まる一〇日間の船旅に抑えきれない興奮を覚えていたのは、日本から一緒に参加した中塚武さんも同じであったであろう。

ウスリー号と名づけられたフェリーは、かつては共産党が所有する船だったという。豪華なキャビンと美しく着飾ったクルーたちを乗せたフェリーは、ババロフスの港を出ると、静かな川面を滑るように上流を目指した。左岸はハバロフスクの工場だろうか、赤白の高い煙突がそびえている。すれ違うボートは、ハバロフスク市民を乗せて中洲のダーチャ（家庭菜園＋簡易別荘）に向かう定期船である。航路は基本的にロシア領内のみをとっている。船の航路を見ていると、ランドマークからランドマークへとまっすぐに沿って航行し、ランドマークがない地点では、河川中に設置されたブイが目印となっているようだ。

アムール・ゼットと呼ばれる地点では、コンドラチェワさんとイワノワさんが河川水を採取して、サンプル瓶に保存した。一〇日間の航路において、サンプル採取地点はすでに決まっていたようで、一日に一回程度、このようなサンプリングが行われている。この段階では、中国側の観測担当である宋男哲さんが協力しているようには見えなかったので、まだ定期的な中露両国による共同観測の体制はなかったものと思われた。二〇〇五年一一月にアムール川の支流、松花江で起きるニトロベンゼン汚染は、両国の共同観測態勢を一変させることになるが、それはまだ一年先のことである。

航行する船から見る河岸の景色は、両岸で対照的だった。常に何かしらの人工物が見えている右岸の中国領に対し、左岸のロシア側では常に森林が広がっている。中国から参加した宋男哲さんの携帯電話は、航行中、ほとんどの場所で電波を受信できていたようだったから、河川沿いの開発は圧倒的に中国側で進んでいるようであった。その反面、アムール川に浮かぶ船は、ロシア側で軍艦をしばしば見ることがあり、中国側に浮かぶ船は小さな漁師の平底船ばかりである。

午前中はキャビンで研究の打合せ、昼食をはさんで再度の議論。そして午後の早い時間からアルコールが登場し、そのまま果てしのない夜の議論へと突入する。アルコールが入っているからといって、気を抜くことはできない。日本でも同じであるが、しばしば重要な情報は、宴席であったり、その後のサウナの中で飛び出したりする。そして、中国やロシアでは、アルコール許容量こそが人間の度量を価値づけるという気配というか文化がある。毎夜、果てしな

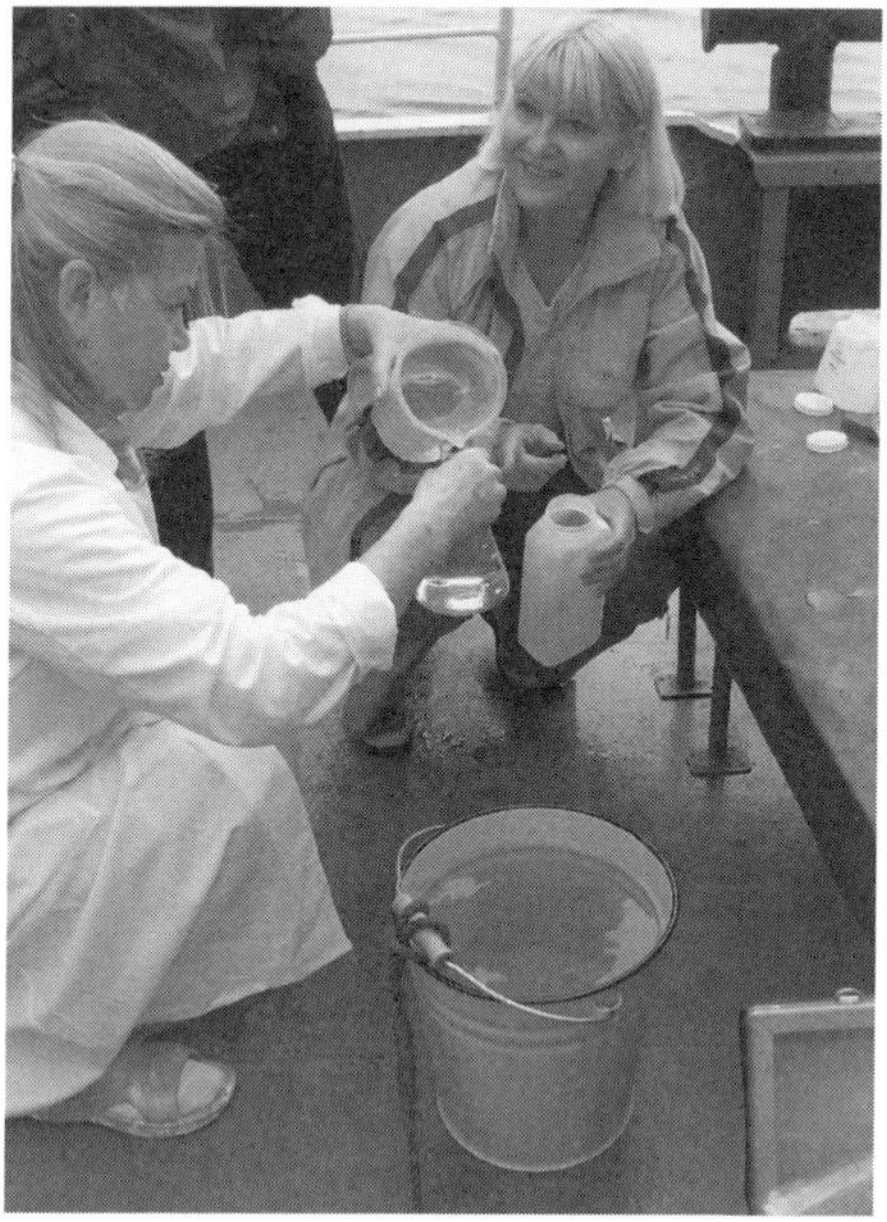

写真7（上）採取した河川水試料を船上で処理するコンドラチェワさん（右）とイワノワさん（左）／写真8（下）アムール川中流右岸に位置する黒河（中国）の町

く続くトースト（ロシア式乾杯）に、果たして五年間のプロジェクトを乗り切ることができるのかと不安になった。

アムール川の上流と中流の間にある街ブラゴベシチェンスクに到着する頃には、すっかり飲み疲れてしまっていたものだから、その到着前夜にリーダーであるエフリーモフ氏から、渇水の影響で、アムール州の州都ブラゴベシチェンスクよりそう遠くまでは遡れそうもないと聞いた時は、内心ホッとした。結局、ブラゴベシチェンスクから一日遡ったセルゲイエフカという村を最終到達点として、この記念すべき三ヶ国合同のアムールクルーズは終わりとなった。

ブラゴベシチェンスクに戻った我々は、アムール州の知事を迎え、アムール川を共同で保全する必要性を認めた声明をメディアに向けて発表した。セレモニーの色合いが強かった三ヶ国の共同クルーズではあったが、アムール川を多国間の協力で保全しようという考えを示した初めての試みであり、アムール川の環境保全史がもし将来編まれるとするならば、重要なターニングポイントとして記録されることだろう。

第4章　フィールドワークを取り巻くさまざまな問題

プロジェクト始動

二〇〇二年の夏に京都で書いた一枚の和文研究計画書が、すべての始まりであった。この計画書は、国内外のメンバーによる一年半におよぶ議論と予察調査を経て、二〇〇三年の春、二四ページの英文計画書として生まれ変わった。そして、この計画書は、プロジェクトの推進母体である総合地球環境学研究所が設置した国内・諸外国の著名な研究者からなる外部評価委員会において審査され、実行するに妥当な計画であるとの評価を得た。この計画書が、これから始まる五年間のアムール・オホーツクプロジェクトの内容であり、目標であり、研究者としての野望であった。二〇〇四年一二月に発行されたプロジェクトの英文レポート第二号に全文が掲載されているが、ここにエッセンスを抜き出しておこう。

「北東アジアの人間活動が北太平洋の生物生産に与える影響評価」

成田英器・白岩孝行・中塚武

研究の目的　このプロジェクトは、アムール川流域における人為的な活動がオホーツク海と隣接する親潮の海洋生態系に与える影響を査定することを目的とする。

研究の内容と方法　研究の目的を五年間で達成するために、九つの副課題を以下のように設定する。これらの副課題から得られる成果を統合することにより、現在のオホーツク海と親潮の海洋生態系を大きく変化させることのない、アムール川流域の望ましい土地利用について提言することができるであろう。

課題一　オホーツク海と親潮域の海洋物理環境の解明（若土正曉、大島慶一郎）
課題二　オホーツク海と親潮域の生物地球化学的環境の解明（中塚武・西岡純）

課題三　アムール川からオホーツク海への生物地球化学的物質の輸送（長尾誠也）
課題四　陸域生態系からアムール川への生物地球化学的物質輸送（柴田英昭・楊宗興）
課題五　アムール川流域における人為的な影響の背景解析（柿澤宏昭）
課題六　アムール川流域における土地利用の時空間変化解析（春山成子）
課題七　陸起源物質の大気輸送量の定量化（白岩孝行・的場澄人）
課題八　アムール川気象水文・水文化学条件の自然変動（立花義裕・大西健夫）
課題九　オホーツク海と親潮域の基礎生産モデリング（松田裕之・岸道郎・三寺史夫）
＊括弧内は、各課題を担当するグループのリーダー名

研究予算　二〇〇五～二〇〇九年の合計額　五九六、四六〇、〇〇〇円（申請額）

いくつもの予期せぬ問題

日中露三ヶ国の共同研究者の総数一〇〇名。二〇〇五年四月に始まるアムール川流域とオホーツク海・親潮におけるさまざまなフィールドワークにあたっては、まず第一に、共同で観測研究にあたる多数の研究機関との協定書や覚え書き、契約書といった書類を作成せねばなら

ず、時間はどんどん過ぎていった。また、フィールドワークにあたっては、予期しなかった条件があったりして、二〇〇五年の初頭は猛烈な作業に追われることになった。

例えば、アムール川流域におけるダニ媒介性脳炎の問題である。森林や草地に住むマダニの中には、人間に感染すると脳炎を引き起こすウィルスを保有しているものがいる。厄介なことに、アムール川流域に広がるウィルスは、フラビウィルス科に属し、感染して脳炎を発症すると高い致命率で重篤に経過するという恐ろしいウィルスなのである。プロジェクトに参加するメンバーが安全にフィールドワークを遂行できるような環境を整えるのは、プロジェクトリーダーの重要な任務であり、実際にフィールドワークが始まるまでに対策を立てておかねばならなかった。

感染地域のロシアでは、住民を対象に、このウィルスに対抗するためのワクチン接種が毎年行われており、アムール川流域でフィールド観測を実施する者は、ロシア人に限らず、全員にワクチン接種を義務づけていることがプロジェクト開始のぎりぎりになって判明した。日本には存在しない感染症なので、当然ワクチンも存在しない。抗体を作るためには、最低二回のワクチン接種を二ヶ月間かけて行う必要があり、国内で接種する必要があった。ダニ媒介性脳炎の権威である高島郁夫教授（北海道大学獣医学部）に相談し、ようやくオーストリアからワクチンを輸入できることになったのだが、今度は国内のごたごたで時間がかかり、入手まで半年も時間を無駄にしてしまった。

さて、次はワクチン接種である。厚生労働省が認可していないワクチンなので、近所のお医者さんで接種してもらうわけにもいかない。こちらも北海道大学医学部の武蔵学教授が、接種を引き受けてくださった。面倒な仕事を引き受けてくださった関係者の皆さんには頭の下がる思いである。

こうして第一陣のアムール川の観測隊が準備万端、日本を出発したのが、夏も盛りの八月であった。長尾誠也さん（金沢大学）をリーダーとする一行を送り出した我々は、長かった準備にほっと一息ついたところであった。しかし、ロシアに到着直後の長尾さんからかかってきた電話の用件を聞いて、耳を疑った。

「日本からの入金がまだなので、ロシア側は船を出せないと言っている。日本からなんとかならないだろうか。」

研究の契約書も交わし、研究船を傭船《ようせん》するためのチャーター代金もすでに入金の事務的な手続きが進んでいた。書類で両者が合意しているので、後からロシアの研究機関に経費が振り込まれるのは確実であった。ところが、当時のロシアではすべてが万事、前金・キャッシュ絶対主義であったのだ。信用取引が成り立たない状況にあったといってもよい。とにもかくにも、入金を待っていては絶好の観測のチャンスを逃すことになるので、ロシア側に頼み込み、長尾隊のメンバーが持っているすべての現金をかき集めて航海中の食糧と燃料の購入経費に充ててもらい、船のチャーター代金だけはなんとか後払いで我慢してもらうことにした。

八月一六日、すべての準備が完了し、長尾リーダー以下四名の日本人研究者と水・生態学研究所のロシア人研究者を乗せたラダガ号は、ハバロフスクの港を下流に向けて出港した。記念すべき初めての日本人とロシア人によるアムール川の共同観測ということで、地元メディアも朝から出港のシーンを撮影し、これがお茶の間のテレビで放映されたという。

無事にハバロフスクを出港したと聞いた日本の私に長尾リーダーから再度連絡が入ったのは昼頃だったろうか。イリジウム衛星電話を通して聞こえる途切れ途切れの長尾リーダーの声に我が耳を疑った。

「KGBに捕まった……」

一瞬なんのことかよく意味が理解できなかったが、途切れ途切れの電話の内容から察すると、尋常ならざる事態が生じているらしい。KGB（現在のFSB）とは泣く子も黙る旧ソ連の防諜機関である。どうやらこの研究観測が違法な観測と当局に受け取られたらしいということがわかったので、急遽、日本とロシアの研究所との間で交わされた契約書のうち京都で集められるものをロシアにＦＡＸ送信し、ことの成り行きを見守った。幸い、半日もしないうちに観測航行続行の許可が出たようで、以降、彼らの観測は順調に行われた。

その後、帰国した長尾リーダーから事の顛末を聞くと、朝のテレビ放送を見た視聴者の一人の誤解から生じたことだったらしい。日本人がロシア領土の汚染調査にやってきたと判断した視聴者が、これはたいへんだと当局に通報したための臨検ということであった。実際の現場では、無線のやりとりが行われただけで、再出航を待つ間も、至極おだやかな雰囲気だったそうだ。

観測地の設定

同じ頃、アムール川の中流域にあるハバロフスクの近郊の大地を丹念に見つめる二つのグループがいた。ひとつは、春山成子さんをリーダーとする地理学を専門とするグループ。もうひとつは楊宗興さんをリーダーとする生物地球化学を専門とするグループである。

ターゲットである鉄が陸地のどこから出てくるのか。そもそも、アムール川の陸地はどのような物質で構成され、そこにどの程度、人の手が加わっているのだろうか。このテーマは、アムール川とオホーツク海・親潮の間の鉄を介したつながりに、人間がどの程度影響を与えてきたのかという、このプロジェクトの重要な課題のひとつである。二つのグループは、これから始まる五年間のフィールド観測をより有効に進めるため、現地の共同研究機関の協力を得て、実際に各地点に足を運び、自分自身の目でイメージを掴むべく、現地を駆け回っていた。

陸地の調査というのは、船もいらなければ飛行機もいらず、足と車さえあれば、あとは研究者の行動力と洞察力が頼りである。一方、海や空と違い、陸地は場所によって地質や水文環境が大きく異なる。都市があれば、畑があり、水田がある。アムール川の周辺には、広大な氾濫原があり、湿原がある。かくも多様なモザイクが広がっている。また、アムール川のような国境地帯の川の場合、必然的に国境であることに起因する行動の制約が厳しくなり、簡単に国境を越えて移動できないという問題もある。こういう点では、船を出すという困難さえ乗り切ってしまえば、あとは比較的スムーズに観測の進む海の観測とは大きく異なり、陸の調査はプロジェクトを通じて常に行動上の制約につきまとわれていた。

柴田英昭さんと楊宗興さんを中心とする生物地球化学を専門とするグループも、陸地を研究対象とするという点では地理学グループと同様であった。しかし、彼らは、地理学とは異なり、季節、あるいは時間と共に変化する水の中に溶けている鉄と関連物質の濃度を測定することが第一の課題であった。このため、観測の初期段階では、目的を達するために最適なポイント、長期間にわたって観測を続けるだけの価値のあるポイントを探して、アムール川流域を中国からロシアへと広く探し回っていた。日本の五倍以上も面積のあるアムール川流域である。そう簡単に適地が見つかるわけではない。そこで、彼らは、中国やロシアの研究機関が長年にわたって観測を継続している実験地に目をつけた。実験地であれば、彼らが取得した過去のデータを利用できる可能性があり、また、観測にあたって必要な宿泊施設や分析施設が整っている。五年間という短期間のプロジェクトを成功させるためには、過去のデータを利用できることは大きな利点であった。

その結果、くわしい生物地球化学的な調査を行うポイントとして、黒竜江、松花江、ウスリー川という三つの大河に囲まれる三江平原が第一のポイントとして選ばれた。ここには、中国科学院の湿地研究所があり、所長の閻百興《やんばいしん》教授が援助を約束してくれた。また、森林からの鉄の流出を明らかにするため、黒竜江の右岸に位置する小興安嶺《しょうこうあんれい》と大興安嶺《たいこうあんれい》にある東北林業大学の実験流域を研究対象に設定した（図3）。

ロシア側には、中国で見つかったような実験地や実験流域として適当な場所が見つからなかったので、アムール川の下流域右岸にあるガシ湖流域、ウスリー川の支流キーヤ川の流域が詳細な観測地点として選ばれた。ガシ湖においては、自然湿原から流出する鉄が観測の対象であり、キーヤ川では農地化が鉄の流出に与える影響が解明されることになった。

もうひとつ、忘れてはならないものに、アムール川本流を流れる鉄と関連物質の濃度がある。長尾さんらがラダガ号に乗って観測することはもちろんだが、長期間のデータと季節ごとに変化する水質・水量データが必要である。このため、ロシア連邦水文気象・環境監視局のアレクサンダー・ガブリロフ長官にお願いして、彼の機関が保有している過去のデータを提供してもらうとともに、現在、業務として水文・水質観測を行っているハバロフスクとバガロッカの二つの観測所で、定常観測の際に、我々のための水サンプリングを行ってもらうことにした。

ただし、これには伏線がある。二〇〇五年当時のロシアは、一九九〇年代に起こった経済的な破綻状態からまだ完全には抜け出しておらず、ガブリロフさんの機関でも恒常的な予算不足に悩んでいた。アムール川の観測を行う彼らの観測船は、老朽化で底に孔があき、そのままでは使用できない状況であった。そこで、我々の依頼を受けるのを絶好の機会とし、この船の修理を我々に負担してほしいと言ってきた。オイルマネーで潤う現在のロシアからは想像もつかない悲惨な状況であったが、彼らの熟練スタッフを使える我々にとっては、船の修理代くらいは致し方ない出費であった。

プロジェクトの中で、最も大きな準備は、二〇〇六年に予定していたロシアの研究船クロモ

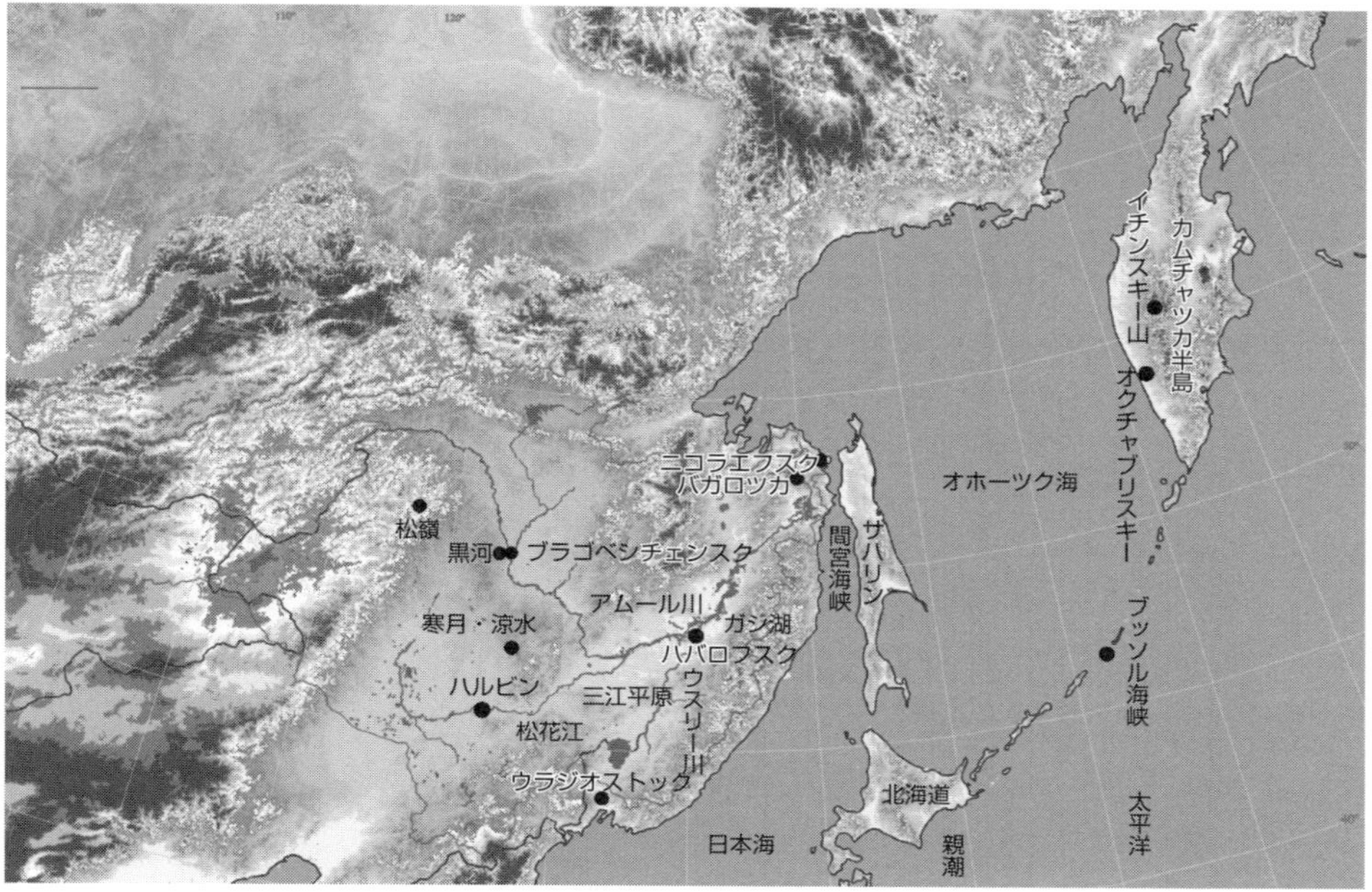

図3　アムール川流域の概要と観測地点名

（原図は大西健夫氏による）

写真９　ロシア連邦水文気象・環境監視局の老朽化した観測船

フ号を利用した、オホーツク海の観測航海であった。日本人だけで二五名、ロシア人研究者とクルーを加えると、七〇名近い人員がひとつの船に乗って四二日間を共にする観測航海である。経費はプロジェクトの年間予算のおおよそ半分。二〇〇六年八月初旬に出航予定であるが、準備は一年以上も前から進められた。

そもそも、なぜ日本のプロジェクトなのに、ロシアの船を使わなければならないのだろうか。それはオホーツク海の大部分がロシアの排他的経済水域にあるという事実をいえば、十分であろう。つまり、外国船がオホーツク海を自由に航行することはできないのだ。もちろん、ロシア当局の許可があれば、外国船といえどもオホーツク海の航海は原則可能である。しかし、これは現実には難しい。冷戦時代の名残りであろうか。オホーツク海は冷戦が終わった今でも、ロシアにとって軍事的に重要な海域であり、外国船が漁業以外の目的でオホーツク海を航海することは、きわめてまれである。事実、我々のプロジェクトと同時期にオホーツク海の研究航海を日本の船で実施しようと考えていた機関があるが、調査許可がおりずに実現しなかったと聞く。

研究観測船クロモフ号を所有する極東水文気象研究所との長くタフな交渉を全面的に進めたのは、中塚武さんである。若土プロジェクトで海洋化学を担当した中塚さんは、このプロジェクトが始まる前から極東水文気象研究所とは気心の知れた仲であった。中塚さんは、時に熱く、時に粘り強く、何度も何度も困難に直面しながら、ロシアとの交渉を重ね、二〇〇六年八月六日、当初の予定通り、船を出航させることに成功した。

第5章　ひとつの仮説

海の豊かさとは?

オホーツク海や親潮は、なぜかくも豊かな海なのか?　アムール・オホーツクプロジェクトの疑問であり、この本の主題でもあるこの問題に切り込む時がやってきた。二〇〇五年に始まった本格的な海と陸におけるフィールド観測は、この主題に対し、さまざまな側面から切り込んでいった。この章以降、ひとつずつ、その成果を見ていこうと思う。

この章の主題は、我々のプロジェクトの重要な作業仮説である中層水鉄仮説とその立証である。陸と海のつながりを立証するというアムール・オホーツクプロジェクトの試みの中で、海

の鉄の流れを考える新しい発想が、この中層水鉄仮説である。中層水鉄仮説は、海洋学の分野でも新しい考えなので、ここは慌てずに、あいまいな部分をはっきりさせながら、説明していこうと思う。

まず初めに、海の豊かさについて我々の考えを示そう。第一章では、我が国の北に広がるオホーツク海について、水産資源の点から豊かな海であると私は述べた。しかし、魚に代表される水産資源は、それを利用する人間の興味によっても大きく変わりうる。極端な話、どんなに大量に存在する魚がいたとしても、それを欲する人間がいなければ、その魚を努力して獲る人はいないであろう。そうすれば、その魚の資源量はデータとして残らず、評価することができないことになる。それゆえ、海の豊かさを考えるにあたっては、もっと世界全体を客観的に見ることのできる指標がほしい。それには、海洋の生態系を支える植物プランクトンを用いるのがよい。

世界の海洋の植物プランクトンの生産量を知るには二つの方法がある。ひとつは、衛星に搭載された光学センサーのうち、植物プランクトンの色素であるクロロフィルａに敏感なセンサーを用いて計測する方法。これはプランクトンそのものを測定する方法であり、ほぼリアルタイムでデータを得られる利点がある一方、光学センサーを利用しているため、雲があると測定できない欠点がある。

もうひとつは、植物プランクトンと二酸化炭素の関係を利用した方法である。普段、我々は大気中に含まれている二酸化炭素濃度についてよく耳にするのだが、大気だけでなく、海水中にも二酸化炭素は存在する。海水中の全二酸化炭素分圧は、平均すると四五ml／lであり、大気の二酸化炭素分圧である〇・三ml／lに比べると圧倒的に大きな値をとる。とはいえ、海水中の大部分の二酸化炭素は水と結合してイオン化し、重炭酸や炭酸イオンとして存在しており、大気中と同じようにガス成分として海水中に存在する二酸化炭素分圧は、〇・二三ml／lに過ぎない。植物プランクトンの光合成は、このガスとしての二酸化炭素を利用しているわけである。

長期的に見ると、海水中のガスとしての二酸化炭素濃度が光合成によって減少すると、重炭酸や炭酸イオンから補充されて、二酸化炭素ガスの濃度は、ほぼ一定の濃度に保たれるのだが、短期的に見れば、海水中の二酸化炭素濃度は光合成によって利用されることにより海水中で消費され、反対に、深いところで植物プランクトンや動物プランクトンがバクテリアに分解される過程で発生する。このような二酸化炭素に富んだ水が深層から湧昇してくる場所では、海洋表層の二酸化炭素分圧は上昇する。

コロンビア大学の高橋太郎博士らは、世界中で採取・測定された海水中の二酸化炭素分圧データを整理することにより、世界の海洋の二酸化炭素分圧が、季節によってどのように変化するかを求めることに成功した。二〇〇二年に発表された論文には、世界の海洋表層における二酸化炭素分圧が季節的にどの程度変化するか、その変化の幅の地理的分布が示されている。ここでは水温が二酸化炭素分圧に与える影響を差し引いているので、変化の幅は、バクテリアによって海洋の有機物が分解される過程で放出される二酸化炭素の量と、植物プランクトンが光合成によって吸収する二酸化炭素の量によって決まる。つまり、変化の幅が大きな海域は、多くの植物プランクトンが生産され、その分、分解も大きな海域を示している（口絵2参照）。

高橋博士らの研究は、オホーツク海の東に広がる北太平洋北西部、通称、親潮域と呼ばれる海域が、オホーツク海と共に世界的に見ても突出して季節変化の幅が大きな地域であることをはからずも明らかにした。つまり、世界で最も多くのプランクトンが生産され、分解されている海域である。この海域に匹敵する海域は、沿岸湧昇流によって大量のアンチョビを産することで有名な大西洋のペルー沖くらいである。植物プランクトンの生産・分解量から見る限り、オホーツク海や親潮は、世界の中でも最大級の生物生産量を誇る豊かな海域といえるだろう。

オホーツク海と親潮はなぜ豊かなのか？

従来、オホーツク海や親潮が豊かな原因として、これらの海域で特徴的な二つの要因が関与していると考えられてきた。オホーツク海においては、冬期に形成される海氷が、その直下にアイスアルジーと呼ばれる植物プランクトンの一種であるケイ藻を育み、これが底辺をなす生態系ピラミッドが構成されるという考えである。

クリオネと呼ばれる生物が一時話題になったことがある。オホーツク海の氷の下で生きている、この透き通った天使のような愛らしい生物は、ハダカカメガイという名を持つ巻き貝の一種である。海氷の下に生育するアイスアルジーは、それを食べる多くの動物プランクトンを集め、その動物プランクトンをクリオネが食べ、そして自身は魚などに食べられるというように、凍るオホーツク海の海洋生態系はアイスアルジーによって支えられている。これはまぎれもない事実であろう。

一方、アイスアルジーは、海氷に付着することで、弱いながらも光の得られる海洋の表層に安定してとどまる術を獲得した植物プランクトンである。そして、アイスアルジーとて、ケイ藻であるがゆえに、光合成を行って増殖する。それには、窒素、リン、ケイ素という栄養塩が必要であり、なおかつこれらの栄養塩を光合成で効率的に取り込むために鉄が必要であることは他のケイ藻類との間に違いはない。したがって、オホーツク海がなぜ豊かであるかを考えるにあたっては、思考をアイスアルジーで止めてしまうのではなく、そのアイスアルジーの存立を支える根本原因にまで踏み込む必要がある。

北海道から三陸沖に広がる親潮域は、オホーツク海やカムチャツカの東を南流する冷たい海流である親潮が、南から北上してくる黒潮の一部とぶつかり、それによって形成される水塊構造が海洋の鉛直混合を活発にする海域である。海洋では、表層に比べて中層で栄養塩の濃度が高いから、枯渇しがちな表層の栄養塩は鉛直混合によって中層からもたらされる栄養塩によって維持されている。このような中層から表層への栄養塩の輸送が大量の植物プランクトンを養うには必須の条件である。そもそも、北太平洋の北部は、地球をめぐる深層水循環の終着点であり、この海域では、栄養塩に富んだ深層水が、海洋表層に運ばれてくる海域である。

しかし、季節的に海氷ができる海や、鉛直混合が活発な海は、なにもオホーツク海や親潮だけではない。オホーツク海や親潮が世界で最も生産性の高い海になるには、何かもっと別の原因があるに違いない。

図4は、北太平洋の東部、西部、そして親潮付近における植物プランクトン濃度の季節的な変動を示したものである。東部とはアラスカの沖合に浮かぶステーション・パパ、西部とはステーション・ノットと呼ばれる洋上ブイを指し、親潮は日本の水産庁が継続的に観測を行っている地点のデータである。

図を見ると一目瞭然であるが、西部と東部ではクロロフィルa濃度が年間を通じて〇・二～一・六㎎／㎥という値であるのに対し、親潮域においては〇・三～八・〇という大きな季節変動を示す。この八・〇という大きな濃度は春の値であり、親潮域では春に植物プランクトンが大増殖するブルームと呼ばれる現象が起こることが、よく知られている。これは、春になって日照条件がよくなり、冬の間、悪天と日照不足によって光合成を妨げられてきた植物プランクトンが、日光と豊富な栄養塩によって活発に光合成を起こすことで生じる現象である。それではなぜ、春のブルームが親潮だけで起こり、北太平洋の東部や西部では起こらないのだろうか？　春になって日照条件がよくなる点では、親潮とその他の海域に差があるとは思えない。

この原因が、光合成に必須の微量元素である鉄が、北太平洋の東部と西部では欠乏しているためであることは、すでに二章で述べた。北太平洋の東部と西部では、栄養塩が余っているにもかかわらず、鉄がないために、光合成が止まり、植物プランクトンの増殖が止まってしまうのである。このため、これらの海域はＨＮＬＣ海域となる。

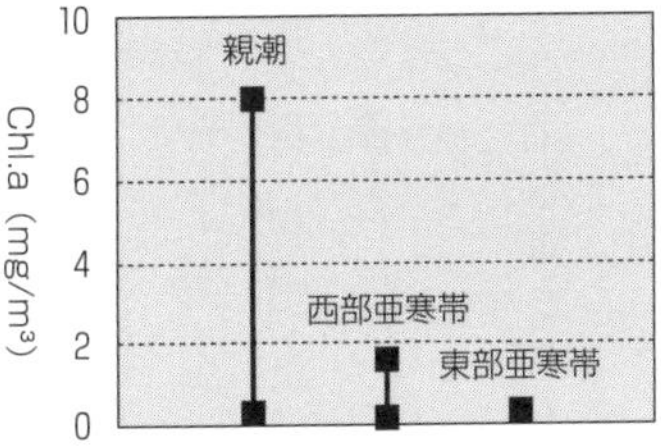

図４　北太平洋亜寒帯域の三地域におけるクロロフィルａ濃度の季節変動幅

(Boyd and Harrison 1999, Saito et al. 2002, Nishioka et al. 2011をもとに作成）

それではなぜ、親潮域だけに鉄が存在するのだろうか？　六章で、この問題の古典的な考え方を詳述するので、ここでは簡単に述べる。それはアジアの内陸部にある沙漠から毎年春になると飛んでくる黄砂の影響である、と長い間考えられてきた。黄砂にはいくばくかの鉄が含まれている。アムール・オホーツクプロジェクトで海の鉄循環を担当した中塚武さんと西岡純さん（北海道大学）が中心となって中層水鉄仮説を提唱するまでは、この西から飛んでくる黄砂こそが、海への主要な鉄の供給源であると考えられてきた。そして、それは太平洋の一番西端、親潮でだけ植物プランクトンのブルームが起こる理由を説明するのにきわめて都合のよい考えだったのである。

凍る海オホーツク海

オホーツク海の大陸棚から大量の土砂を含んだ水塊が、表面ではなくオホーツク海の中層を通って、太平洋に流出しているらしい。こんな斬新なアイデアが生まれたのは、一九九七〜二〇〇二年にかけて実施された研究プロジェクト「オホーツク海氷の実態と気候システムにおける役割の解明」（科学技術振興事業団、代表・若土正曉）を通してであった。従来、低緯度のオホーツク海に季節海氷が発達する原因として、①シベリアからの寒気の吹き出し（冷やす力）、②アムール川による淡水供給と、これによるオホーツク海での密度成層の発達（冷えやすさの構造）、③外海から遮断され、混合の起こりにくい海況（冷えを維持する効果）、の三点が重要視されてきた。ところが、このプロジェクトにおいて海洋物理を担当した大島慶一郎さんらのグループは、従来とは異なるオホーツク海の新しい姿を明らかにした（図５）。

まず海氷の形成であるが、オホーツク海の海氷は、オホーツク海全体で形成されるわけではなく、またしばしば観光案内やメディアを通していわれているように、アムール川の河口でできるわけでもない。海氷の多くは、オホーツク海北西部の大陸沿岸とサハリン沿岸域で作られている。ここで作られた海氷が、冬の北西季節風によって駆動される反時計回りの海流によって南に運ばれ、北海道沿岸を広く覆うのである。大島さんらは、この大陸沿岸の海氷生成域を「海氷の製造工場」と呼んでいる。

海氷を反時計回りに南に運ぶ海流は、「東カラフト海流」と名づけられた。海洋物理学的には、地球をめぐる偏西風と、地球が球として自転していることによって働くコリオリの力が共同で作り出す海流である。冬に強くなり、夏に弱まる東カラフト海流は、年平均で見ると黒潮の二〜三割の流量に相当する大海流である。北海道の北を東進して、千島列島のウルップ島とシムシル島の間にあるブッソル海峡から太平洋に流出していることがプロジェクトによって明らかにされた。

一方、この東カラフト海流の深度二〇〇〜五〇〇〇m付近には、濁度が高く、水温が低い海水が存在することが、若土プロジェクトで海洋化学を担当した中塚さんによって発見された。オホーツク海のいくつもの点において、この層を追跡していくと、その行きつく源には、アムール川の河口から北に広がる大陸棚が見つかった。どのようにして、大陸棚に溜まった土砂が中層の水に混じって外洋に流れ出すのであろうか？ そこには寒冷な海だけで起こる特殊な海洋循環が関わっていたのである。

海洋の熱塩循環

酸素と水素が結合してできるH_2O、すなわち水は面白い性質を持っている。物質の重さは同じ体積で比較され、これを密度という名前で呼んでいる。原子が密に結合すれば、密度が大きな重い物質ができるし、空隙が多いすかすかな結合であれば、軽い物質ができる。そして、同じ物質であれば、原子の結合がより規則的でち密な固体の密度が最も大きく、つづいて液体、気体と軽くなっていく。ところが、水という物質は温度が四℃の時に最も密度が大きくなるという性質を持っている。つま

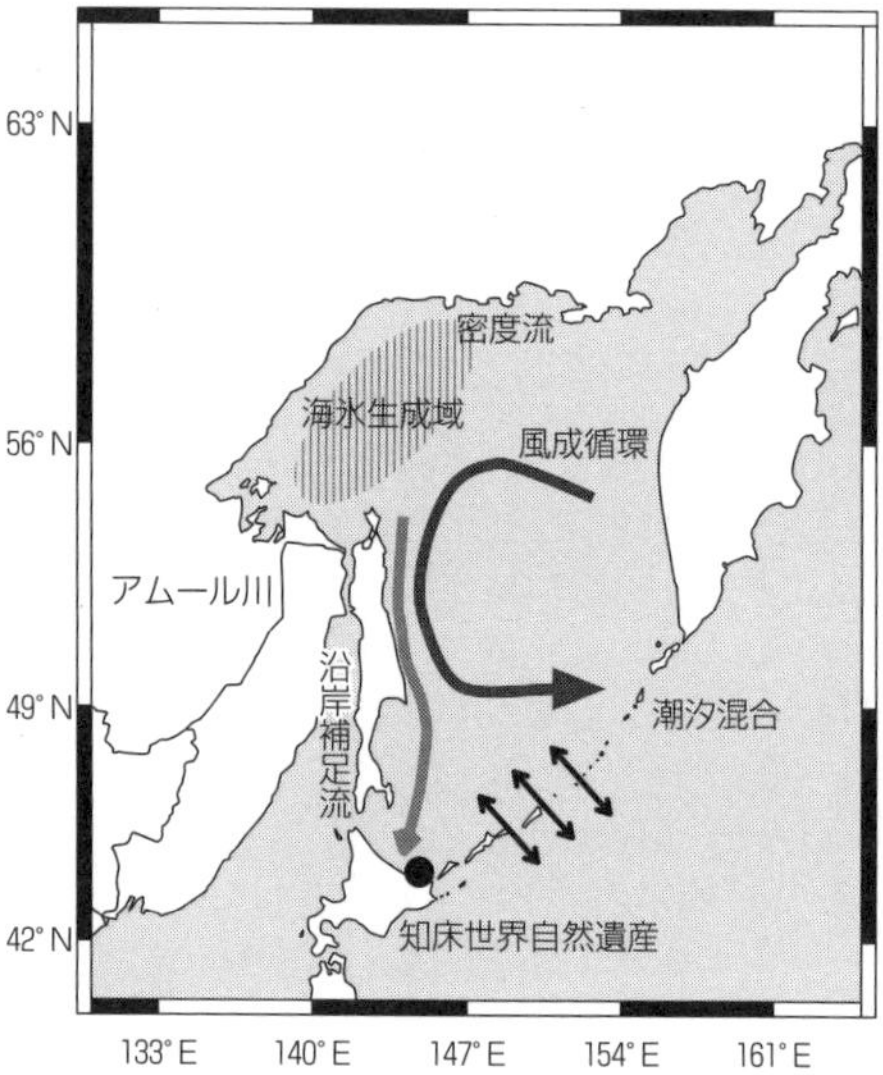

図5　オホーツク海の海洋循環と海氷生成
（白岩 2006）

り、固体である氷より、液体の水の方が重いという変わった物質なのである。この性質のため、冬の湖沼では、氷は表面に浮かび、一番底にある水の温度は四℃となる。

さて、四℃の時に密度が最大となる水であるが、これは不純物を含まない淡水の話であって、海水となると話は変わってくる。海水には、塩《えん》と呼ばれるさまざまな物質が溶けている。代表的な物質はナトリウムイオンNa^{+}と塩化物イオンCl^{-}である。両者が結合すると、海水から塩NaClが析出する。海水は真水と異なり、NaClに代表される塩がどれだけ溶けているかで密度が変わってくる。また、塩が含まれると、凝固点降下という物理現象によって水の融点が下がる。ひらたくいえば、塩を含む海水は０℃で凍らないのである。その結果、とても冷たくて重い海水ができあがることになる。世界の海洋の一番深いところには、この冷たくて塩をたくさん含んだ重い水が横たわっている。

この重い水はどうやって作られるのであろうか。答えを先にいってしまえば、それはまさに凍る海、オホーツク海の最大の特徴なのである。俗にいう流氷とは、海洋学の分野では海氷と呼ばれている。同じ海に浮かぶ氷として氷山があるが、氷山は陸上を流れてきた氷河のなれの果てであり、その氷は陸地に降り積もった雪が氷に変化したものである。一方、海氷は、海水が表面から冷やされて凍った氷であるので、氷山とは違う。海水が凍ると、海氷も海水と同じようにしょっぱい氷となるのであろうか？　答えはイエスでありノーである。海氷には氷山に比べてずっと多い塩が含まれているが、その濃度は海水と比べるとずっと少ない。仮に海氷を採取して舐めたとしても、たぶんしょっぱいと感じる程度は小さいだろう。それでは海氷を作ったもともとの海水に含まれていた塩はどこへ行ってしまったのだろうか?

海水が凍る時、氷結晶が成長すると同時に、海水に含まれていた塩は氷結晶から排出され、ブラインと呼ばれる高濃度の塩水を形成する。ブラインは氷結晶中に水として含まれる場合もあるが、塩分を含んだ冷たいブラインは、周囲の海水よりも密度が大きいため、下方に向かって沈んでいく。つまり、冬の間、恒常的に海氷が作られているオホーツク海の北西部では、ブラインがどんどん作られて沈み込んでいるのである。この重いブラインは、大陸棚の上に流れ落ち、そこで下方への行き場を失うと、わずかに傾く大陸棚に沿って、沖合へと流れていく。この際、大陸棚に堆積しているさまざまな物質を取り込みながら流れていく。これには、大陸棚に働く潮汐の力が影響を与えている(図6)。

大陸棚で大量の土砂を取り込んだ冷たくて塩分を多く含んだ重い水は、やがて大陸棚の先を流れる東カラフト海流に遭遇する。そして、そのまま東カラフト海流の一部となってサハリンの東を南流し、北海道の沖合を通って千島列島から太平洋に流出していくのである。中塚さんが見つけた、懸濁物質を多量に含む冷たい水塊は、まさにこの大陸棚を起源とするブラインの延長だったのである。この水は、その後、北太平洋の中層を広く太平洋全域に広がっていくことになる。それゆえ、この水塊を指して、高密度大陸棚水（DSW）とか、北太平洋中層水（NPIW）と呼ぶ。

賢明な読者は、ここまで書くと、すでにオホーツク海や親潮に運ばれる鉄の起源について察しがついたに違いない。オホーツク海の北西部でブラインが作られ、それが大陸棚を通過する時に取り込んだ土砂こそが、北太平洋中層水としてオホーツク海や親潮に運ばれる鉄の起源である。数百mの深さの中層を運ばれている北太平洋中層水がなぜ、植物プランクトンが光合成を行う海洋表層に運ばれるのか？　ここにもうひとつの鍵があるのだが、我々は、このメカニズムが、オホーツク海と親潮を区画する千島列島にあると考えた。つまり、オホーツク海の中層を東カラフト海流によって運ばれた鉄を含む土砂が、千島列島の狭い海峡を通過する際に、潮汐の影響で形成される渦によって表面に運ばれると考えたのである。千島列島に分布する海峡の数々は、激しい潮汐で有名な場所である。

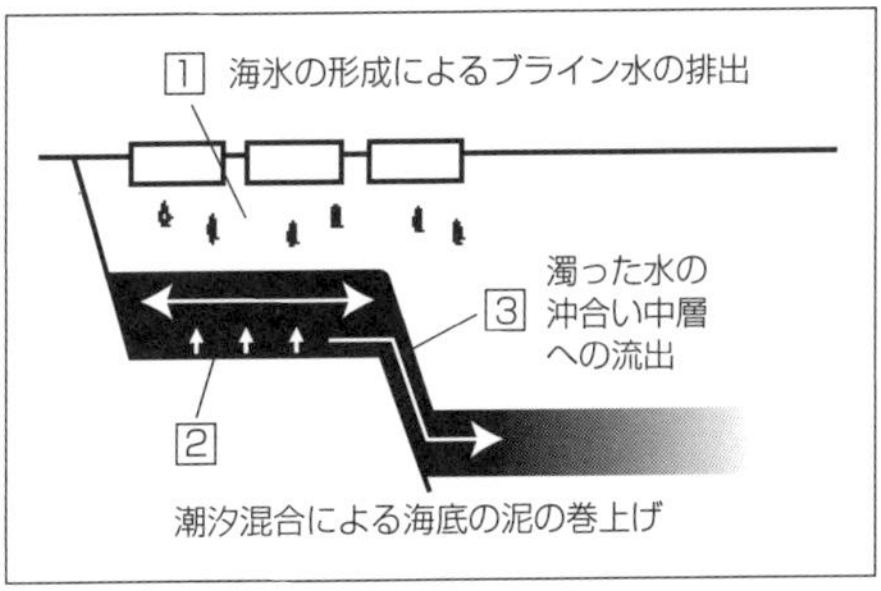

図６　高密度大陸棚水（DSW）の形成メカニズム
（Nakatsuka et al. 2002）

大陸棚からオホーツク海の中層を流れ、やがては千島列島の狭い海峡を通って広く太平洋に広がっていくこの濁った水には大量の鉄が含まれている。この鉄こそが親潮域の植物プランクトンに利用されている鉄だろうと推測し、この考え全体を中層水鉄仮説と名づけた。中層水鉄仮説は、従来あった黄砂が鉄の供給源であるという考えに対し、真っ向から挑戦する考えであり、親潮がなぜ豊かな海域であるかを考える上で、最も重要な答えを与える仮説であった。

一方、名前の通り、この鉄はオホーツク海の中層を運ばれる。中層には太陽光がほとんど届かないため、中層にある鉄はオホーツク海にある限り、植物プランクトンの光合成には役立たないようにみえる。それではオホーツク海の高い基礎生産は、どのようにして維持されているのだろうか。

我々アムール・オホーツクプロジェクトは、まずこの謎を解くべく、大陸棚からオホーツク海を経て親潮へいたる海域で鉄の濃度を測定することに全力を注ぐことにした。

研究観測船クロモフ号による仮説の検証

二〇〇六年八月八日、小樽の埠頭では、紅白のツートンカラーが美しい極東水文気象研究所の研究観測船クロモフ号が出港を待ちかねていた。真新しいペンキで塗装された甲板では、中塚観測リーダーの指揮の下、日露の研究メンバーとロシアの船員が最後の調整で忙しく立ち働いている。一年間の厳しい交渉の末、いよいよ中層水鉄仮説を立証するための研究航海が始まろうとしていた。埠頭には、この航海を共同で実現した総合地球環境学研究所、北海道大学低温科学研究所、東京大学大気海洋研究所の関係者が集まり、観測航海の成功を祈る姿があった。

海の鉄を測るといっても、実はそう簡単なことではない。陸上ではありふれた物質である鉄も、その水に溶けにくい性質が災いして、水の中の濃度は大変に低い。川の水一リットルあたり、鉄が溶けている量は、多い場所で一ミリグラム程度。これが海水になると、多い場所でも一ナノグラムしかない。このような微量な濃度であるため、実は、つい最近まで海水中の鉄の濃度を測定する装置が存在しなかったのである。この鉄を測定するために、我々のプロジェクトで尽力してくれたのが、前述した松永勝彦さんの研究室出身のお二人、北海道大学の久万健志さんと西岡純さんであった。海水中の鉄の分析と理論にかけては、お二人以上の人材は世界広しといえども、そうはいない。

航海中に鉄の分析を担当したお二人の苦労は並大抵なものではなかったに違いない。そもそも、観測する船自体、鉄でできている。その鉄の船が浮かぶ海水の中の微量な鉄を測るのである。いかにして、船や観測機材からの鉄の汚染を防ぐのかが最大の課題となった。二人は、特注のサンプリング装置を使い、採水した海水の処理場も鉄を含まないビニールで完璧に覆うことで、極力、鉄の汚染を防ぐことに努力した。もちろん、船の持ち主である極東水文気象研究

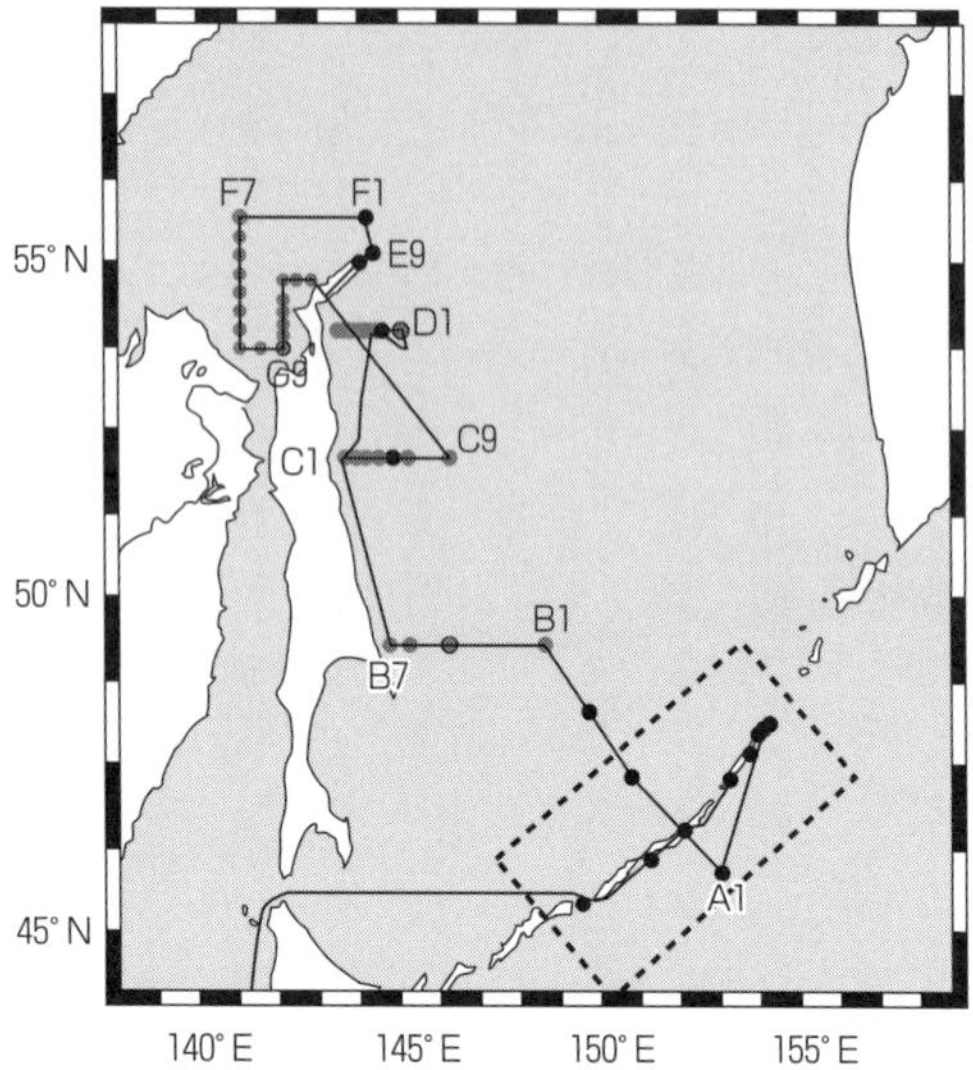

図７　2006年と2007年の観測航海における
クロモフ号の観測経路

所も、事前に船を新しく塗装することによって、船からの鉄汚染を極力防ぐ努力をしてくれた。

中層水鉄仮説を検証するためには、なによりもまず、オホーツク海の北西部大陸棚から東カラフト海流沿いの経路に沿って、海洋の表層から深層にいたる海水中の鉄の濃度を広範囲にわたって測定する必要がある。このため、クロモフ号はアムール川の河口付近から始まって、オホーツク海を通り、千島列島の海峡にいたるまで、広く鉄濃度の鉛直分布を観測した（図７）。そして、千島列島の海峡においては、鉄濃度の観測と共に、潮汐混合によって海流がどのように動いているのかを詳細に観測した。これは、東京大学大気海洋研究所の安田一郎さんらの研究課題として実施され、我々の中層水鉄仮説の立証にも大きく貢献してくれた。

写真10　小樽港を出港する海洋観測船クロモフ号／写真11　鉄濃度分析のための海水サンプリング風景（村山愛子氏撮影）／写真12　採水した水を汚染から防ぐための船上簡易クリーンルーム（村山愛子氏撮影）

クロモフ号による日露の共同観測航海は、二〇〇七年八月にも実施され、二回の観測航海の成果と、五年間にわたって西岡さんらが行ってきた親潮域の鉄濃度の観測結果から、遂にオホーツク海と親潮における鉄濃度の分布と鉄の輸送過程が明らかとなった。それはまさに、中層水鉄仮説が提唱していた熱塩循環と東カラフト海流が作り出す、北太平洋中層水に沿った高濃度の鉄の流れであった（図8）。

これらの鉄は、オホーツク海の大陸棚から北太平洋全域にかけて、ほぼ一貫して数百mの中層を流れているのだが、一ヶ所だけ表面に現れる場所がある。それはまさに、我々が親潮と呼ぶ海域であり、中層の鉄を表面に運ぶメカニズムは、予想通り千島列島付近で生じる潮汐に起因する激しい渦の動きであった。

果たしてどのくらいの量の鉄が、この中層から親潮域の海洋表層にもたらされるのであろうか。その答えを与えてくれたのは、プロジェクトと並行して行われた、西岡さんらによる北海道沖、親潮域での五年間にわたる毎月の観測であった。図9は観測地点における海洋表層の溶存鉄濃度と栄養塩の代表である硝酸濃度を月ごとの平均値として示したものである。二月から三月にかけてピーク濃度を示した溶存鉄と硝酸は、植物プランクトンの大発生であるブルームに使用され、夏にかけて急速に消費される。しかし、九月に入ると、どちらも徐々に上昇を始め、翌年の三月には再びピーク濃度を示している。秋から冬にかけては、海洋の混合層が発達

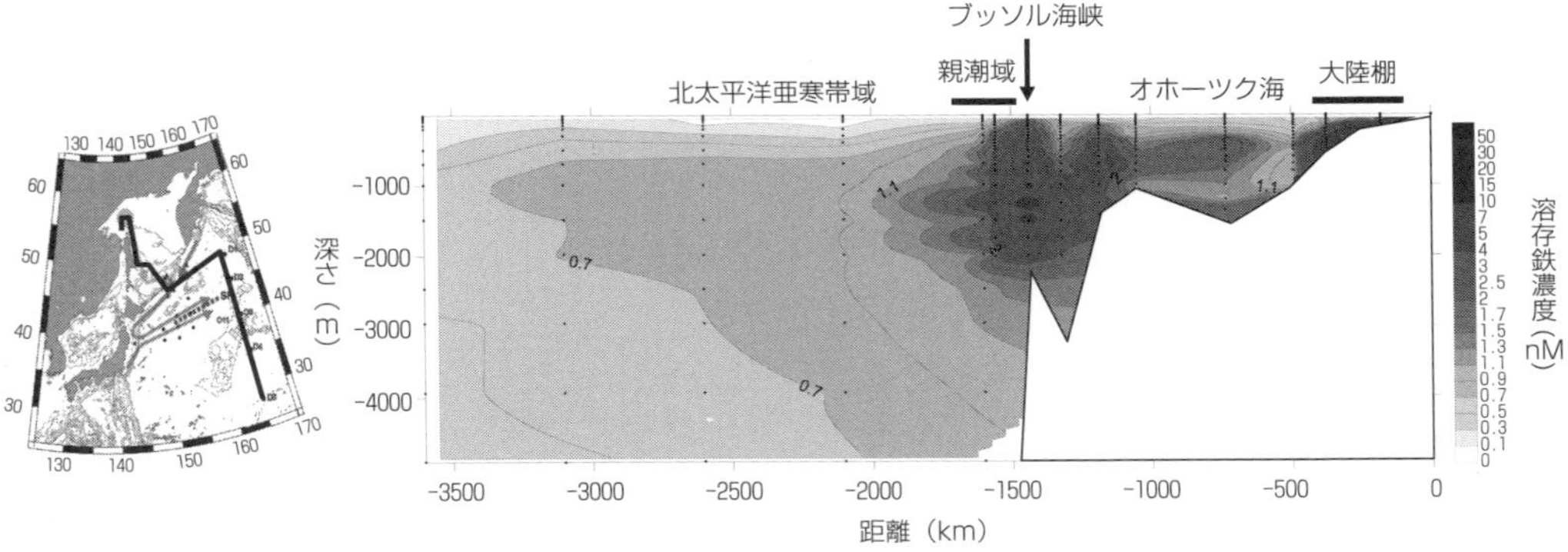

図 8　アムール川河口からオホーツク海および北太平洋亜寒帯域にいたる海中の溶存鉄濃度の鉛直断面図（西岡ほか 2008）

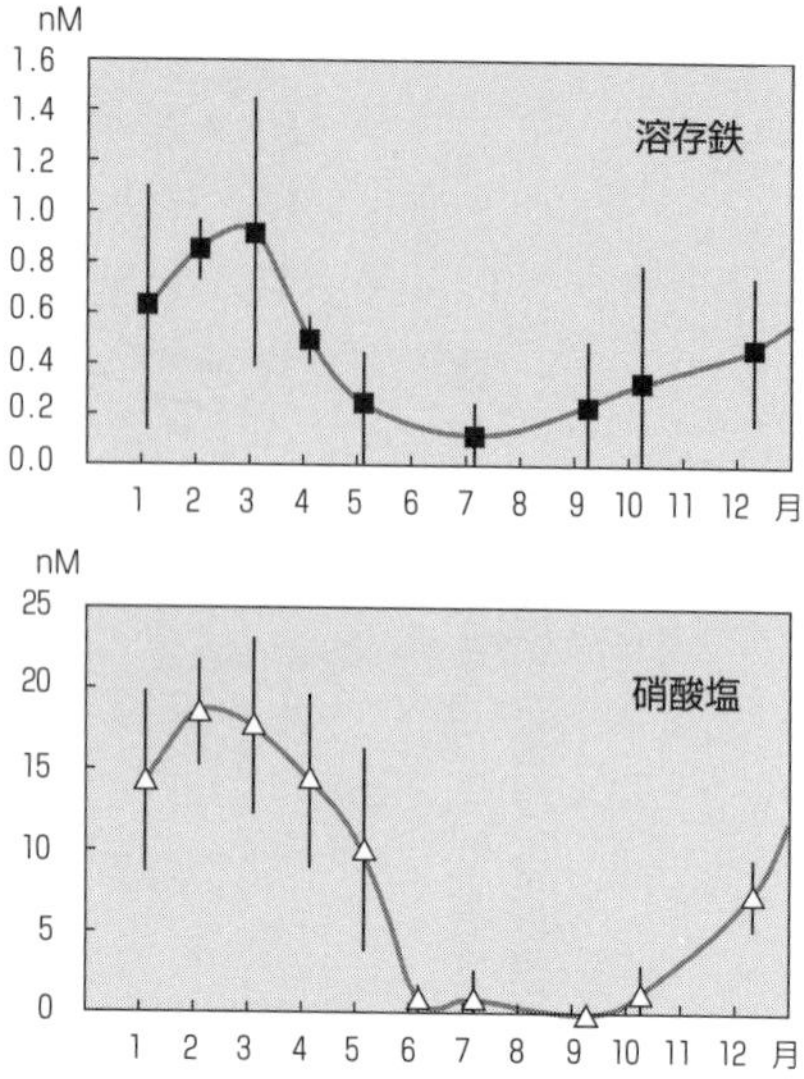

図９　親潮域における溶存鉄と硝酸濃度の季節変化
(Nishioka et al. 2011)

することから、この夏以降の濃度上昇は、海洋の混合によって生じていることを示している。そして、黄砂の季節ではない秋から上昇を始めることは、これらの海域において植物プランクトンに利用される溶存鉄が、黄砂よりは混合によって中層から供給されること示している。次章で述べる大気起源の鉄の量と比較するため、親潮域に中層から供給される一年あたりの鉄の量を求めると、一・六mg／㎡と計算された。

こうして、膨大な観測と研究メンバーたちの努力によって、中層水鉄仮説の中心的な問題である海における鉄の流れが解明されたのである。

第6章　大気から来る鉄は重要か

オクチャブリスキー村訪問

二〇〇五年六月初旬の夕暮れ、我々一行は、海と川に挟まれた海岸砂丘の上に作られた一本道を、ロシア製のマイクロバスに揺られながら、一路、目的地のオクチャブリスキー村に向かっていた。同行者は植松光夫さん（東京大学）と南秀樹さん（東海大学）。ロシア側からは、ロシア水文気象・環境監視局のウラジミール・コバショクさんと通訳のナターシャさん。カムチャツカの州都、ペトロパブロフスクを出発してからすでに六時間が経過していた。だんだんと薄れていく人の痕跡を車の窓から目で追いながら、いったいこの先にはどんな村があるのだろうかと考えた。西に広がる寒々としたオホーツク海に沈む夕陽を眺めながら、とうとうやってきたオクチャブリスキー村に対する期待と不安が心の中で交錯していた。

マーチンの鉄仮説を受け、HNLC海域の解明に取り組んだ研究者たちは、世界各地で鉄と植物プランクトンの関係を探る研究を開始した。日本でも、津田敦さん（東京大学）をはじめとする多くの研究者が大規模な野外実験を企画し、実際に北部北太平洋に鉄を散布して、植物プランクトンがどう反応するかを調べる研究が進みつつあった。また、海洋に設置された自動ロボットが、大規模な黄砂降下時に、急激な植物プランクトンのブルームが起こったことを観測し、やはり大気からもたらされる鉄こそが、外洋の植物プランクトンにとって重要な鉄なのであろうという雰囲気が強まった。オホーツク海や親潮において、植物プランクトンに鉄を供給するのはアムール川なのだろうか、それとも黄砂か？

そもそも、北太平洋の北部へ大気からさまざまな物質が降下していることを明瞭なデータという形で明らかにしたのは、一九七八年に始まる米国のシーレックス計画、そしてそれに引き続く一九八〇年代の米国と日本の共同研究であった。太平洋上に分布する島にエアロゾルサンプラーを設置して、島民の協力を得ながら、定期的にフィルターを交換する。このフィルターに集まった微量な元素を分析することにより、どの場所、どの季節に、どれくらいのどのような物質が空から落ちてくるのかを系統的に研究するのである。日本側の中心となって研究を進めたのが、今、こうしてオホーツクに沈む夕陽を一緒に見つめている植松光夫さんであった。

　植松さんらの研究の結果、太平洋の外洋にぽつんと浮かぶ島々であっても、予想以上の物質が空から落ちてくることがわかった。そして、それらの物質の起源を辿ると、多くは内陸アジアの沙漠地帯に行きついた。つまり、これらの沙漠で風によって上空に巻き上がった物質が、アジア大陸の上空を西に流れる偏西風に取り込まれ、遠く北太平洋上に運ばれていくのである。起源がアジアにある以上、いくら遠くまで運ばれるからといって、太平洋の東西で比較すると、アジア大陸に近い太平洋西岸で物質降下量が多くなるのは当然である。実際、北太平洋で生じる春の植物プランクトンのブルームは北太平洋西部でだけ生じている。その結果、この海域のブルームに、アジア大陸から飛来する鉄が大きな役割を果たしていると考えることは、まことに自然であった。

　いったい、オホーツク海と親潮域に、どのような物質がどれくらいの量、空から運ばれてくるのであろうか。残念ながら、植松さんらの先駆的なデータ群は太平洋全域に注目したものであり、この特定の海域に対する十分なデータを持ってはいなかった。それならば、アムール・オホーツクプロジェクトで観測することにしよう。植松さんとお弟子さんの南さんが、こうしてわざわざカムチャツカ半島西岸のオホーツク海に面した寒村まではるばるやってきた理由も、この場所に新たな観測機材を設置するためであった。

オホーツク海を目の前に望む、ロシア水文気象・環境監視局の観測小屋に日本から持ち込んだエアロゾルサンプラーを設置し、村の気象観測スタッフであるセルゲイさんの協力の下、定期的なフィルター交換による観測が始まった。それは二〇〇五年の秋、まもなく雪が降り出すであろう一〇月のことであった。

写真13　オホーツク海に隣接するオクチャブリスキー村に設置されたエアロゾルサンプラー

海洋への鉄降下量を見積もる方法

オホーツク海と親潮という広大な海域に降下する鉄の量を調べるためには、いったいどんな観測を行ったらよいのであろうか。

アムール・オホーツクプロジェクトで、この問題を担当したのはグループ七であった。グループリーダーは的場澄人さん（北海道大学）。経験豊かなメンバーと相談しながら、彼は二つの戦略を考えた。

第一は、オホーツク海と親潮を取り巻く地域に、複数のエアロゾルサンプラーを設置して、定期的にフィルターを交換することで、時間的にどのような物質がどれくらい降下するのかを実際に測定しようというプラン。エアロゾルサンプラーとは、空気を大量に吸引し、吸引した空気をフィルターに通すことで、空気中に含まれているエアロゾルと呼ばれる微粒子を採取する装置である。

この方法の利点は、選択された場所での降下量の時間変化を詳細に調べられること。また、オクチャブリスキー、問寒別、釧路というオホーツク海を取り囲む三地点にエアロゾルサンプラーを設置することにより、地理的な違いも把握することが可能となる。ただし、観測期間はエアロゾルサンプラーを設置してから回収するまでとなるため、どうしても短くなってしまう欠点がある。

第二の方法は、山に発達する氷河に降り積もった鉄を、アイスコア掘削によって取り出し、氷の分析を通じて明らかにする方法である。高い山々では、夏でさえ雪が降り、一年を通じて降った雪は、翌年まで融けずに持ち越される。このような場所では、年々雪が堆積し、それがやがて自重で変形を始め、谷を流れ下っていく。これが氷河である。氷河の雪と氷は、表面から深い方向に向かって、まるでタイムマシーンのように時代を遡っていく。したがって、表面から深い方向に向かってドリルでアイスコアを掘り出すことができれば、これを実験室に持ち帰り、さまざまな分析を行うことによって、現在から過去にかけての気候や大気環境の歴史をひもとくことができるのである。大気から氷河の上に落下した鉄も、このような作業を通じて定量化できる。この方法の利点は、一回の作業で過去百年、時には数百年にわたって同じ場所に堆積した物質の量を、一年程度の時間精度で復元できることである。

ただし、オホーツク海や親潮の存在する北部北太平洋域において、氷河が存在するのはアラスカとカムチャツカ半島、そしてベーリング諸島の島々だけである。どこでも使える方法ではないということが欠点である。的場さんが選んだ氷河は、カムチャツカ半島の西岸にそびえるイチンスキー山（北緯五五度、東経一五七度、標高三六〇七ｍ）と、アラスカの太平洋岸にそび

写真14　カムチャツカ半島イチンスキー山と山頂氷河
（澤柿教伸氏撮影）

写真15　米国アラスカ州ランゲル山と山頂氷河

えるランゲル山（北緯六二度、西経一四四度、標高四三一七ｍ）の山頂に広がる二つの氷河であった。

この二つの方法を、限られた資金とマンパワー、そしてプロジェクトの五年間という限られた時間で、どう組み合わせるかは成果に直結する問題であり、グループリーダーの的場さんの頭を悩ませた。しかし、彼の持ち前の明るさと人をその気にさせる人間力によって、並居る専門家をとりまとめ、困難な観測を成功させて、最終的に大気から海洋へ輸送される鉄の定量化に成功した。以下、いったいどのくらいの鉄が空からオホーツク海と親潮にもたらされるのか見ていこう。

エアロゾルサンプラーからの情報

図10に釧路のエアロゾルサンプラーから明らかとなった鉄濃度の季節変化を示す。観測の開始は二〇〇七年九月、終了は二〇〇九年二月であった。観測期間中、相対的に大きな濃度は二〇〇七年一二月、二〇〇八年三月、二〇〇八年五月の三回観測された。図11は、エアロゾルサンプラーの横に設置した水を張った容器に落下した鉄の量を測定したものである。エアロゾルサンプラーは、大量の空気を吸引し、その中に含まれる鉄の量を空気の単位体積あたりの割

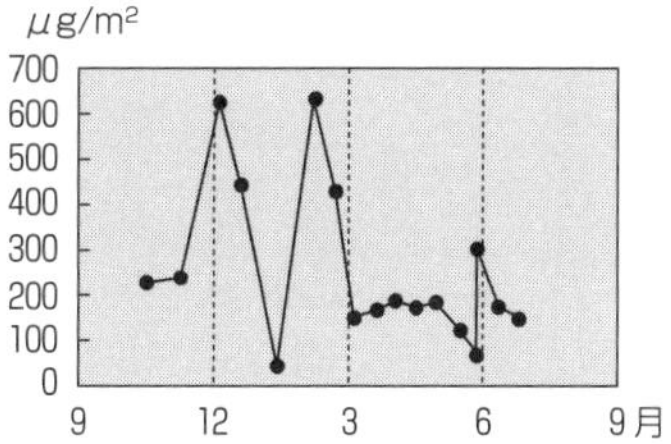

図11　釧路における鉄の湿性沈着フラックスの季節変化
(Matoba et al. 2010)

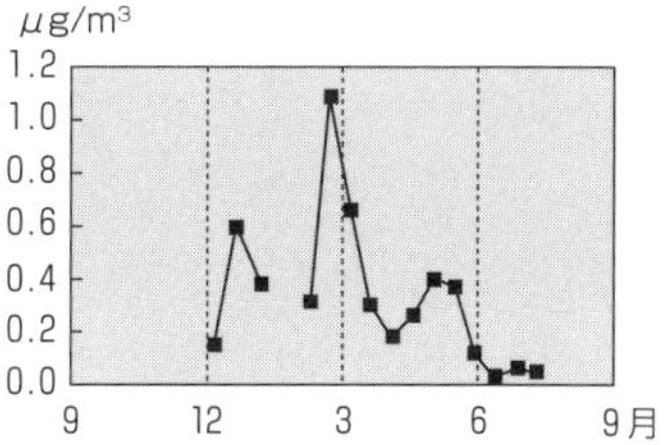

図10　釧路のエアロゾルサンプラーが記録した大気から降下する鉄濃度の季節変化
(Matoba et al. 2010)

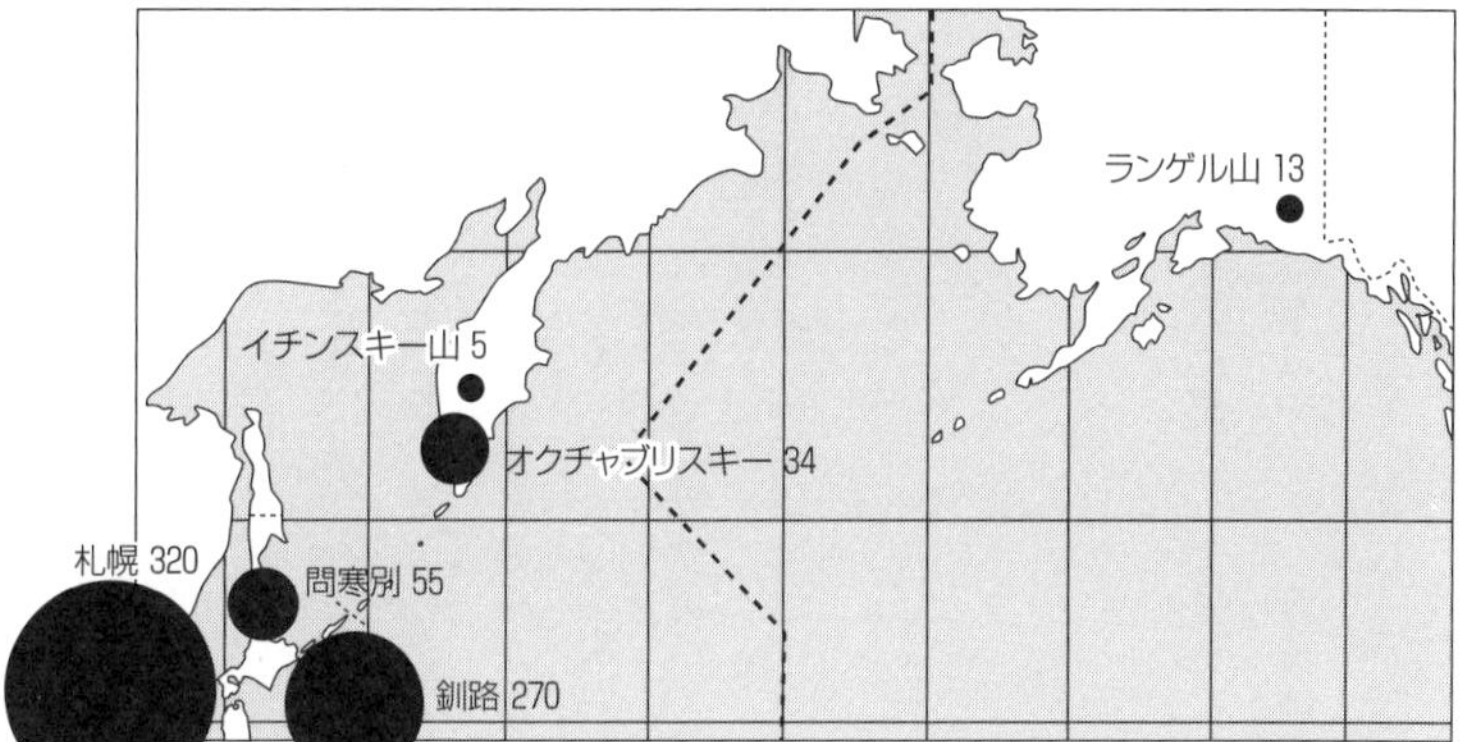

図12　さまざまな方法によるオホーツク海周辺海域に降下する鉄フラックスの見積り (Matoba et al. 2010)

合、すなわち濃度で示すが、これらの鉄は必ずしも海中に落下するとは限らない。あくまでも大気中に漂っている鉄を示す。それに対し、水を張った容器に落下した鉄は、実際に海洋に加入される鉄と同じものである。単位時間・単位面積を通過する物質の量をフラックスと呼ぶが、このようにして測られた鉄フラックスこそが重要な値であった。濃度同様、観測期間中のピークは三回あり、一㎡あたり最大六〇〇μgの鉄が落下していることを示している。

三地点のデータを総合し、オホーツク海に年間どのくらいの量の鉄が大気からもたらされているかを図12に示した（単位はmg／㎡／年）。釧路で最も多く二七〇、次いで問寒別が五五、そしてオクチャブリスキーが三四であった。間に挟まれるオホーツク海への降下量は、これらの範囲にあると考えてよいだろう。親潮は釧路に近いため、オホーツク海よりはやや多い鉄が降下すると考えた。

アイスコアからの情報

エアロゾルサンプラーによって得られた値は実測された値として貴重であるが、いかんせん一年間から二年間の限られた期間のデータである。日本にやってくる黄砂が年々大きく変動することがよく知られているように、海中に落下する鉄の量も、年によって大きく異なることが

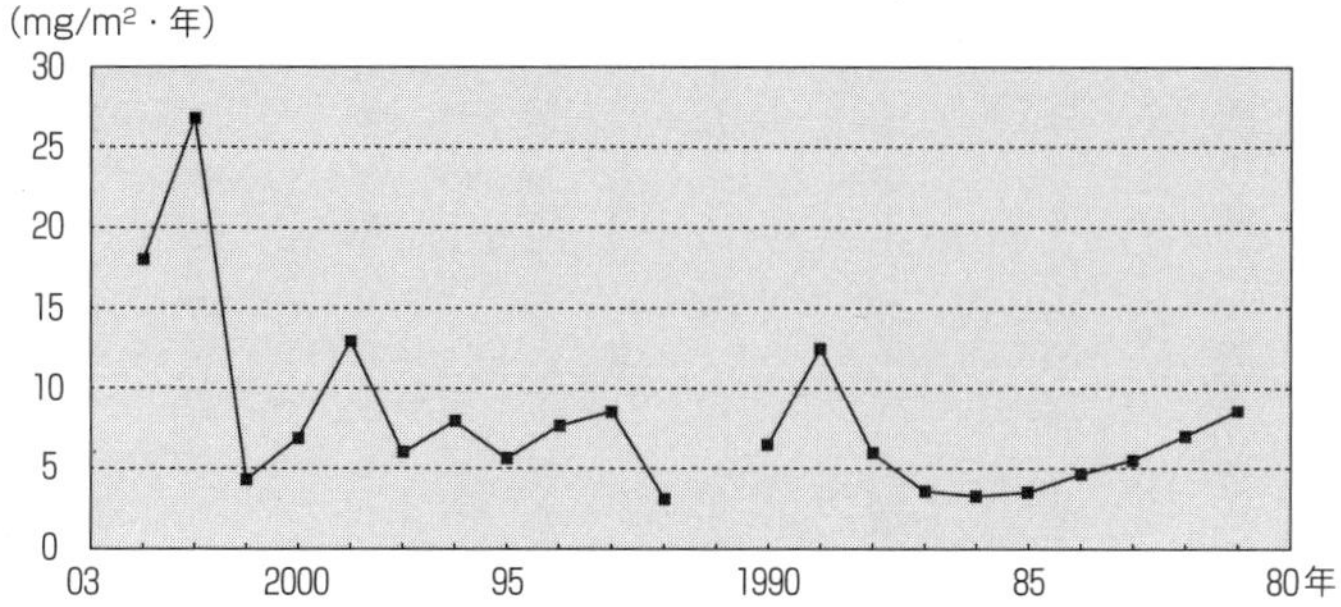

図13　ランゲル山のアイスコアから復元された1981～2002年の大気起源の鉄の沈着量

1991年はサンプルが得られなかった（佐々木 2008）

予想される。ここで、アイスコアによる過去のデータを用いて、短期間のエアロゾルサンプラーの測定値を評価してみよう。

図13は、アラスカのランゲル山山頂の氷河から採取されたアイスコア中の鉄の年々のフラックス変化を示したものである。ランゲル山は、ベーリング海を挟んでカムチャツカ半島と向かい合っている。氷河の表面の一〇〇ｍのデータは、一九八一年から二〇〇二年にかけて堆積した年々の鉄フラックスを示している。

二〇〇一年と二〇〇二年の大きなピークは、春の黄砂に起因したもので、この時は日本列島にも大量の黄砂が飛んできたので記憶している人も多いだろう。一㎡あたり、二〇〇一年には三〇㎎、二〇〇二年には二〇㎎の鉄がオホーツク海と北太平洋を越え、アラスカにまで飛んでいることになる。もちろん、この値はアラスカの山に落ちた鉄の量であり、近年では希にみる大規模な黄砂現象による値であった。したがって、平年にはこれより少ない鉄が輸送されていると考えられる。一九九七年や二〇〇〇年に記録された五㎎という値はこれに相当しよう。

一方、アジア大陸の内陸部に起源を持つ鉄が偏西風によってアラスカに運ばれることを考えると、その途中にあるオホーツク海や親潮にはアラスカに運ばれる量より多い鉄がもたらされるはずである。しかし、イチンスキー山の氷河で復元された鉄フラックスは、平均で五㎎／㎡／年であった。これより、エアロゾルサンプラーの測定値は、アイスコアのデータに比べ、約一〇倍程度大きいと結論できる。的場さんとそのお弟子さんの佐々木央岳さんは、これらの種々の要因を考慮し、アイスコアのデータから結論されるオホーツク海や親潮域への鉄の降下量を五～三〇㎎／㎡／年と結論した。

オホーツク海と親潮に降下する大気起源の鉄フラックス

一方、これらの海に落下する鉄がすべて植物プランクトンに利用されるかというと、残念ながらそうならない。大気中を輸送される鉄の多くは、大気中に豊富に存在する酸素と結びつき、酸化鉄の状態で輸送され、海中に落下するものと思われる。この鉄が海中に落下すると、一部が溶解するわけであるが、鉄の海水に対する溶解度はきわめて小さく、種々の実験的なデータによれば、その割合は一・二〜二・二％程度と考えられている。前節で述べたように、エアロゾルサンプラーの観測では最大二七〇mg／㎡／年の鉄が釧路で記録され、アイスコアからは五〜三〇mg／㎡／年の値が求められた。これらの値に溶解度の割合を掛け合わせると、オホーツク海や親潮では、〇・〇六〜五・九mg／㎡／年の溶存鉄が大気からもたらされることになる。

一方、五章で述べたように、海洋の中層からは年間一・六mg／㎡／年の溶存鉄が表層に輸送される。結果的に、これらの海域にもたらされる溶存鉄は、大気と海洋からほぼ同程度の量がもたらされていることになる。果たして、大気から来る鉄と中層から来る鉄の、どちらが親潮の植物プランクトンにとって重要なのだろうか。

ここで注意しなければならない点は、これらの鉄が一年の間、どのようにして海洋表層にもたらされるかという点にある。大気が運ぶ鉄は、春の黄砂飛来時に大量に運ばれる性質を持っている。このため、たとえ海洋に入っても、多くの鉄は植物プランクトンに利用されることなく、海洋の深層へと沈降してしまうものと考えられる。これに対し、アムール川を起源に持ち、オホーツク海の中層を通って運ばれる鉄は、前章で見たように、冬から春にかけてゆっくりと時間をかけながら表面に輸送され、春のブルーム時に効率よく植物プランクトンに利用される（図9）。結果的に見ると、たとえ輸送される総量が同じであれ、中層から運ばれる鉄こそが、親潮域の植物プランクトンにとって重要な鉄であるということがわかってきた。

もちろん、アムール川起源の鉄は、北太平洋全域に輸送されるわけではない。千島列島を通過する際に潮汐が引き起こす激しい鉛直混合によって、親潮海域で中層から表面に湧き上がってくる。中層の鉄の影響がおよばない北太平洋の中央部や東部海域では、おそらくは大気から降下する鉄が、植物プランクトンにとって重要な供給源になっているものと思われる。この問題の解明は、さらに将来の研究を待たねばならない。

第7章　アムールリマンの謎

間宮林蔵以来の調査

五章で紹介したように、オホーツク海の中層を通って太平洋の親潮域に大量の鉄が輸送されていることが、我々の観測によって明らかとなった。しかし、疑問は次から次へと湧いてくる。その最大の疑問は、大陸棚の鉄がいったいどこから来たかという問題である。地理的な位置から見て、それはアムール川から来たことは間違いないのだが、予想は予想であって、仮説の検証のためには、実際にアムール川の鉄を測定しなければならなかった。そして、アムール川と大陸棚との間には、アムールリマンと呼ばれる広大な汽水域が存在する。

アムール川という国際河川が、流域を領有するモンゴル、ロシア、中国といった国々以外の研究者にとって長い間禁断の地であった理由は、なによりもまず、この領域が一九～二〇世紀を通して国際紛争のホットスポットであったことに起因している。一九三一年の満州事変に始まる日本の満州占領、そして冷戦時代を通じた中ソの国境紛争はよく知られている歴史的事実である。しかし、間宮林蔵が江戸幕府の命を受けて、当時の樺太（現サハリン）から間宮海峡を渡ってアムール川下流部を遡った一九世紀の初頭、この領域が清国の実行支配する地域であったことを知る人は少ない。そして、その清国が、南下するロシアの圧力に屈し、アムール川とウスリー川を事実上の中露国境とするにいたったのは、一八五八年と一八六〇年に締結されたアイグン条約と北京条約であり、中国人民の中には、今でもこれらの条約に対する禍根の念があるといわれている。同様に、現代においては、我が国とロシアの間に北方四島の領有権をめぐる大きな確執がある。

このような歴史的・政治的背景もあってか、アムール・オホーツクプロジェクトを完遂するにあたっては、どの地域でフィールドワークをやるにしろ、相応の困難が予想されたのだが、とりわけ難しいであろうと予想されたのは、アムール川の河口とアムールリマンであった。源をモンゴルに発し、大陸を東南方向に流れてきたアムール川は、中流部のハバロフスクを過ぎると、一転流路を北に向け、大陸とサハリン島が最も接近する間宮海峡、あるいはロシア名のタタール海峡の北部でアムールリマンに流れ込む。アムールリマンに流れ込んだアムール川の淡水は、一部は間宮海峡を通じて日本海に流出するが、大部分はアムールリマンからサハリン湾を通ってオホーツク海へと流れていく。

間宮海峡は、ロシアにとって日本海とオホーツク海をつなぐ唯一の海路であり、一説によると、水深の浅い間宮海峡とアムールリマンには潜水艦を通す秘密の水路があるらしく、軍事的にはきわめて機密度の高い地域である。事前にロシア人の共同研究者から伝えられた情報によれば、訪問くらいはなんとかなるにしても、科学的な観測はほぼ不可能であろう、とのことであった。また、「おまえたちの観測が成功すれば、それは間宮林蔵以来の日本人による観測となるだろう」とも言われたのだが、おそらくは戦前に日本軍や陸地測量部がなんらかの調査活動を行っていると思われるので、これはロシア人の誤解と思われる。

いずれにしろ、我々には、この河口部における鉄の挙動を観測しなければならない強い理由があった。それは、河口部こそが淡水と海水の交わる場所であり、化学的に見て、鉄の挙動が大きく変化すると予想された場所であるからだ。後述するように、オホーツク海の大陸棚に堆積する鉄は、アムール川が運び込んだものに違いないと考える我々にとって、アムール川とオホーツク海を結ぶ河口部は、たとえそれが全体のわずかな一部であるにしても、決して無視してはいけない領域であった。

アムール川から河口部にかけての鉄の動きを知るために、我々は四つの方法でアプローチした。まずひとつは、ロシア（旧ソ連を含む）と中国の行政機関が定常観測として分析してきた鉄のデータを過去に遡って、できるだけ掘り起こすこと。ついで、ハバロフスクにあるロシア連邦水文気象・環境監視局に協力してもらい、彼らの河川観測所のあるハバロフスクと下流のバガロツカにおいて、毎月一回行われる河川の流量観測の際、河川の横断面に沿って河川水を採取してもらい、それをハバロフスクに運び、同じく我々の共同研究機関である水・生態学研究所で鉄の分析を行うこと。そして第三に、水・生態学研究所の所有する河川観測船ラダガ号を用いて、ハバロフスクから河口近くまでの連続観測を行うこと。最後に、河口とアムールリマンの汽水域で観測船による観測を行うこと。この四点である。

最初の三つについては、比較的スムーズに交渉が進んだが、問題は最後の河口とアムールリマンの観測であった。アムール川の共同観測を実施した水・生態学研究所の副所長であるアレクセイ・マヒノフさんも、最初から河口部での観測は望みがないと思ったのであろう、自身の研究所では共同調査を引き受けられないからと、河口部のニコラエフスク・ナ・アムーレという町に住むウラジミール・コズロフスキーさんを紹介してくれた。コズロフスキーさんは、ニコラエフスクの地方行政局の管轄する環境保全局の所長さんで、小さいながらも水質分析施設を持っている。我々にとっては唯一の頼みの綱であった。

写真16　ニコラエフスク・ナ・アムーレからアムール川河口を望む。コズロフスキーさん（左端）と長尾誠也さん（右から２人目）（関宰氏撮影）

ところが、コズロフスキーさんとの交渉は難しかった。私のロシア語能力の貧しさに加え、ＦＡＸも電子メールも使えない。唯一の通信手段は電話であり、それも不在がちときている。私のもとに滞在していたロシアからの客員研究員の手助けで、何度も何度もコンタクトを試み、ようやく交渉を進めることができた。

コズロフスキーさんが共同研究を引き受けるにあたって出してきた条件は、なかなか厳しいものであった。観測に必要な船舶の傭船費を日本が負担することは仕方ないとして、肝心の観測に日本人が乗船することはできないという条件には困惑した。予想通り、アムールリマンに外国人が立ち入ることをロシア軍が認めないからだという。

すったもんだした挙げ句、日本人が船に乗って採水や観測を行うことは断念するが、せめて船が出航するニコラエフスクの港で観測の指示を出したいと粘ると、先方も同意してくれた。スピードボートと呼ばれる高速ボートを比較的穏やかな河口部の観測に使い、波の荒いアムールリマンには、なんとロシア海軍の船が出ることになった。

実際にこれらの船に乗船してサンプリングや観測作業を行うのは、アムール川の共同観測を引き受けてくれた水・生態学研究所のロシア人スタッフである。そして、この厄介な課題を引き受けてくれたのは、アムール川本流の鉄濃度観測を担当した長尾誠也さんとそのチームである。長尾さんたちは、結果的に二〇〇六年と二〇〇八年にアムールリマンでの観測を成功させた。また、これとは独立して二〇〇五年と二〇〇七年にアムール川本流の河川観測を実施して、アムール川本流から汽水域のアムールリマンにかけての鉄の挙動を解明した。長尾さんの誠実な人柄と、お酒が入った時に示す抜群の歌唱力が相まって、ロシアの人々を惹きつけ、困難な河川と河口域の採水作業を円滑に進めることができたのだろうと思う。異国でのフィールドワークを成功させるためには、なによりもまず共同研究者の心を掴まなければならない。長尾さんの歌う「乾杯」や「北国の春」は、極東の荒くれ男の心をぐっと掴んだに違いない。

淡水と汽水域の地球化学

中層水鉄仮説では、海洋を運ばれる鉄の出発点となる大陸棚に溜まった鉄は、アムール川が運んだものであると考えている。オホーツク海に注ぐ全河川水量の半分を占めるといわれているアムール川は、太平洋に流入する河川としては、一番流域面積の大きな川である。そのアムール川自身、四四四四kmにわたって大陸を流れる過程で大量の物質を河川水中に取り込み、毎秒平均一万㎥の濁った水をオホーツク海に注いでいる。これは二分間で東京ドームを水でいっぱいにする量に相当する。この水の九割強がオホーツク海に流れ、残りの一割弱が日本海に流入する。いか

写真17　アムール川本流における腐植錯体鉄分析用の河川水サンプリング（長尾誠也氏撮影）

に大量の物質をアムール川がオホーツク海に注ぎ込んでいるかが想像されよう。

営々と続いてきたアムール川の流れは、どれだけ大量の土砂、とりわけ鉄を大陸棚に運び込んだのだろうか？　そして、これらの河川水に溶けたり、粒子として含まれている物質は、淡水から汽水に変化するアムールリマンにおいて、どのような変化をするのだろうか？　アムール川流域という広大な陸地と、オホーツク海と親潮という広大な海洋が、このアムールリマンというきわめて小さな領域で接点を持つ。我々はこの河口域こそが中層水鉄仮説を立証する上で、最も重要な領域であると考えていた。

河口域が重要なのは、本質的には淡水の河川水が塩を含んだ海水に移行する領域であるからである。淡水から海水に変わることで、なぜ中層水鉄仮説にとって大きな問題となるのか、それを理解するためには、元素としての鉄の性質について触れなければならない。以下、少々化学の話に立ち入るが、中層水鉄仮説のキーポイントであるので、辛抱して読んでいただきたい。

鉄といえば、すぐに金属としての鉄が思い浮かぶが、実のところ、生物にとっては、金属以外の鉄、すなわちイオン化した鉄が重要である。金属としての鉄も、イオン化した鉄原子が規則正しく配列した結晶であるということもできるので話はややこしいが、ここでいうイオン化した鉄とは、結合していないバラバラの状態の鉄原子の状態を指す。

原子番号26の鉄Feは、いうまでもなく、二六個の陽子と中性子からなる原子核を持ち、その原子核を二六個の電子が取り囲む構造を持っている。これらの電子は、電子核と呼ばれる原子核をとりまく層状の入れ物の中にある軌道に沿って運動を行っている。それぞれの電子核に存在する軌道の数は決まっており、また、ひとつの軌道を回ることのできる電子の数も決まっている。これらの合計が二六個である。

二六個の電子が存在する場合、鉄は最も安定するのだが、往々にして電子に不足が生じる。電子はマイナスに帯電しているため、電子が不足した鉄はプラスに帯電する。過不足になる電子の数は、元素によって決まっており、鉄の場合は、二個、あるいは三個の電子が不足しやすい。鉄原子から二個の電子が離れれば、二価の陽イオン（Fe^{2+}）、三個の電子が離れれば三価の陽イオン（Fe^{3+}）となり、それぞれ二価鉄、三価鉄と呼ばれている。両者の間には、安定度の違いはほとんどないので、鉄は電子一個を放出したり、受け取ったりして、二価になったり、三価になったりを安定的に繰り返すこともでき、事実、自然界や生物体内の鉄は、二価と三価の状態を無限ループのように繰り返している。

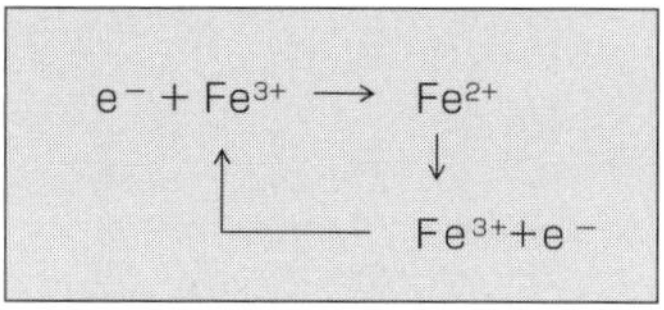

図14　電子を介した二価鉄と三価鉄の反応

二価鉄イオンも三価鉄イオンも、エネルギー的に安定であるが、どこでも安定的に存在できるかというと、そうでもない。それは、プラスに帯電しているからである。もしマイナスの電子が豊富に存在すると、これらのマイナス電子を受け取るかたちで、マイナス電子を供給した原子と結合してしまう。このマイナス電子を提供する相手として、最も普遍的に存在する原子は、酸素Oであろう。酸素はたいへん反応しやすい元素であり、どんな物質ともきわめて結びつきやすい性質を持っている。それは、酸素原子が本来持ちうる八個の電子のうち、二個の電子が常に欠けた状態にあり、この二個の電子を他のイオンと共有することで安定化しようという性質を酸素原子が持っているからである。このように、ある物質が電子を共有して酸素と結びつく結合を酸化と呼び、その反対を還元と呼ぶ。

鉄にはもうひとつ面白い性質があって、鉄原子の持っている電子軌道のひとつを利用して、分子やイオンと結合できる性質がある。この結合が上で述べたイオン同士による電子を利用した共有結合と異なるのは、イオン同士の結合が電子の貸し借りで成り立っているのに対し、こちらは一方的に相手の電子を借りるという形態を取っていることにある。この結合の仕方を配位結合と呼び、配位結合によって形成された分子を錯体と呼ぶ。アムール川の場合、森林や湿原の植物が分解された結果生じる腐植物質と鉄が錯体を作ったものが重要であり、これらを腐植鉄錯体と呼ぶことにする。二章で紹介した松永さんの学説は、植物が分解されてできる腐植物質のひとつであるフルボ酸が、このメカニズムを利用して鉄と結びついたフルボ酸鉄に着目していたことを思い出してほしい（口絵3参照）。

さて、いったい鉄はどのようにしてアムール川を運ばれ、アムールリマンの汽水域を通って外洋へと運ばれるのであろうか。長尾誠也さんらの五年間にわたるアムール川からアムールリマンにかけての鉄の観測は、この疑問に答えを与えてくれた。以下、最新の観測によってわかった淡水から汽水域にかけての鉄の挙動を見てみよう。

アムール川が運ぶ溶存鉄の量

図15は、ハバロフスクとバガロツカの二つの水文観測点において、二〇〇六月四月から二〇〇九年一月にかけて月ごとに採水された水サンプル中の溶存鉄濃度を分析した結果である。ここでいう溶存鉄とは、水中に溶出した鉄全般を指す。具体的にはワットマンＧＦ／Ｆガラス繊維ろ紙と呼ばれる〇・七㎛のメッシュを通過した水を、ＩＣＰ質量分析装置と呼ばれる機器で分析したものである。溶存鉄という言葉を使った場合、前述した二価鉄、三価鉄、腐植鉄錯体のすべてを含んでいる。

三年弱の月ごとの溶存鉄濃度を見ると、ハバロフスクでは〇・三㎎／l、バガロツカでは〇・三一㎎／lの平均濃度が得られた。この鉄の濃度がどの程度かというと、世界の河川の平均的な鉄濃度より二桁多い濃度である。一方、季節的な濃度変化を見ると、二〇〇六年の八〜

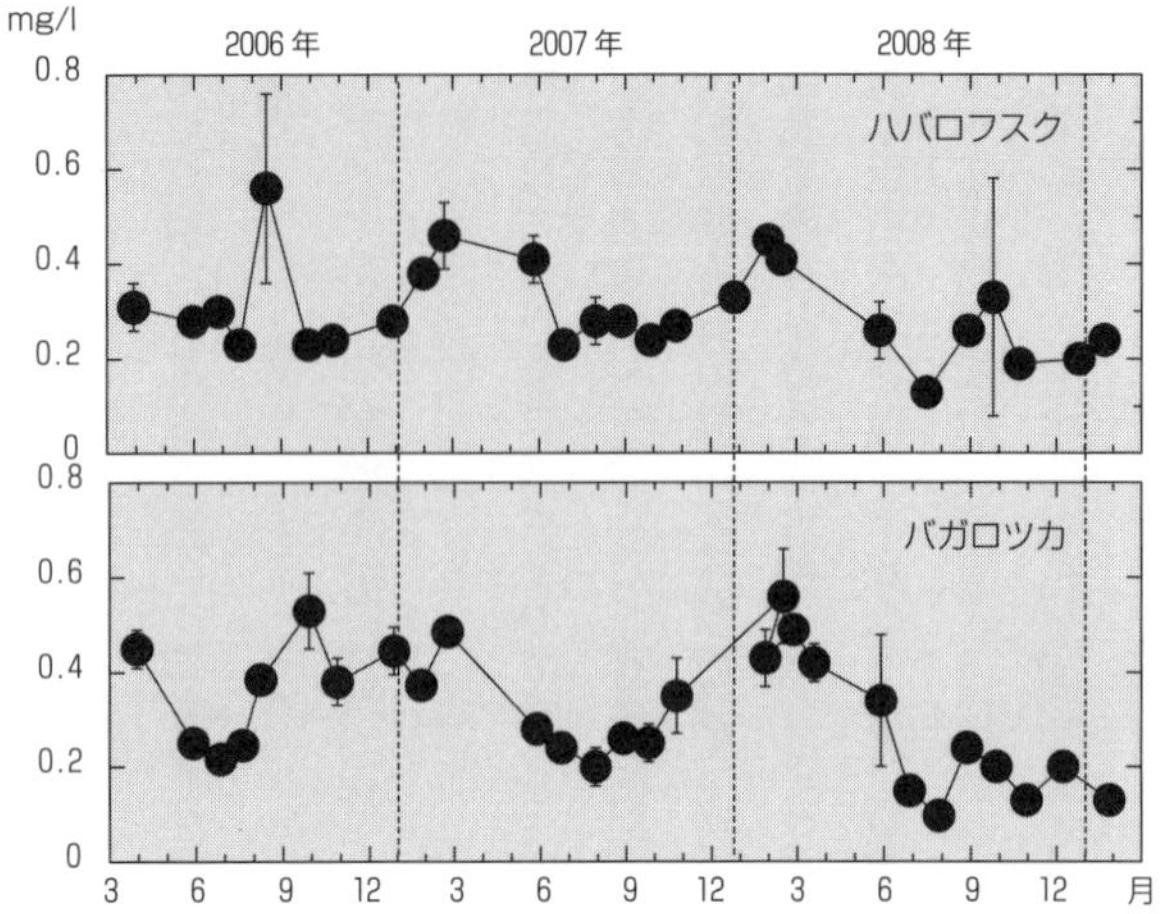

図15　ハバロフスクとバガロツカの溶存鉄濃度の季節変化

(Nagao et al. 2010)

九月、二〇〇七年の三月、二〇〇八年の二月、二〇〇八年の九月に相対的に濃度が上昇するピークが現れる。これらの濃度が上昇する時期は、夏のモンスーン降水と、春の融雪による洪水時期に一致する。二〇〇七年の夏は渇水で、アムール川の水位が上昇しなかったため、夏の溶存鉄濃度も上昇しなかったのであろう。

水位が高くなると溶存鉄濃度が上昇する原因について、長尾さんはこう考えている。溶存鉄がそもそも大量に存在するのは、河川の周囲に広がる後背湿地や氾濫源であり、とりわけこれらの地域の地下水中に大量に存在する。河川の水位が上昇すると、これらの地域に河川水や地下水が流れ込み、そこにある濃度の高い溶存鉄を取り込んで再び河川水に戻ってくる。その結果、アムール川本流の溶存鉄濃度が高くなるというのである。これについては、次章において再度検討しよう。

さて、それではいったい、どのくらいの溶存鉄が毎年オホーツク海に流れ込むのであろうか。ハバロフスクであれ、バガロツカであれ、河川の横断面を一年間に通過する鉄のフラックスを計算できれば、それがアムール川の河口を経て、オホーツク海に流れ込む鉄の量となる。一九六〇～二〇〇二年にかけてロシア連邦水文気象・環境監視局が観測したデータを用いて求められたハバロフスクにおける年間の溶存鉄フラックスは、〇・五六×10^{11}～一・五七×10^{11}g／年の範囲で変動し、その平均値は一・一±〇・七×10^{11}g／年であった。つまり、毎年一一万トンの溶存鉄がアムール川からオホーツク海に流れ込んでいるのである。ちなみに、二〇〇九年における日本の粗鋼生産量は八七五〇万トンであった。

汽水域のトリック

アムール川からオホーツク海へと毎年一一万トンの溶存鉄が供給されることがわかったが、果たしてこの一一万トンの溶存鉄はそのまま海洋表面を流れてオホーツク海から親潮へと広がっていくのであろうか？　答えは否である。これらの溶存鉄は、淡水から汽水域のアムール

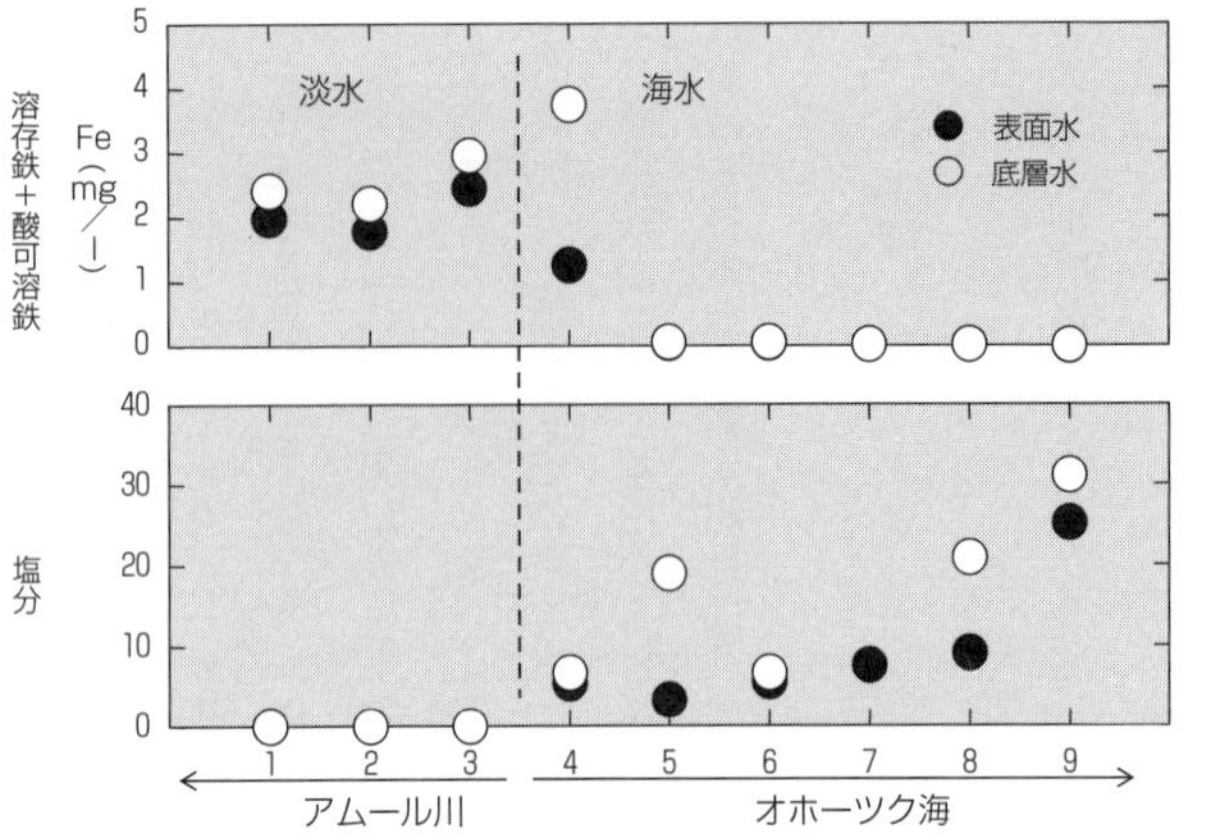

図16　アムール川汽水域における溶存鉄＋酸可溶鉄濃度と塩分の空間変化

（Nagao et al. 2008）

リマンに流れ込んだ途端、大部分が沈殿してしまうことが観測と室内実験からわかったのだ。

図16は、アムール川河口からアムールリマンを経てサハリン湾にいたる観測点に沿って、表層水と底層水の溶存鉄濃度と塩分がどのように変化するかを示したものである。河口付近の観測点一〜三では、塩分がほぼゼロであり、溶存鉄濃度は二〜三mg／l程度を保っている。ところが、観測点四において、塩分が上昇し始めると、溶存鉄濃度は一気に低下し始め、観測点五以降、表層水の溶存鉄濃度は極端に低くなってしまう。

淡水から海水にいたる過程で、溶存鉄に何が起こったのだろうか？　このトリックは、化学の分野で凝集作用と呼ばれる現象で説明できる。アムール川の淡水に含まれる溶存鉄は、前述したように二価や三価の鉄が陽イオンとして運ばれるもの、酸素と共有結合した水酸化鉄、そしてフルボ酸などの腐植物質と錯体を形成したものなど、さまざまな様態をとっている。これらの鉄が、塩分が上昇する汽水域に流入すると、海水中に溶けているNa^{+}、Ca^{2+}、Mg^{2+}という陽イオンと結合し、一部はそのまま溶存状態を保つものの、大部分は粒子となって海底に沈殿してしまう。さまざまな濃度の人工的な海水を利用して、これらの鉄の凝集作用を調べる室内実験を行ったところ、フルボ酸と錯体を形成した鉄は溶存状態を保つ傾向がある一方、それ以外の鉄は大部分が沈殿してしまうことが判明した。アムールリマンでの観測結果によれば、九〇％以上の溶存鉄が凝集作用によって表層の海水から除去され、海底に沈殿していた。つまり、せっかくアムール川が運んだ大量の鉄は、河口という非常に小さな範囲において、大部分が海水中から除去され、海底に沈んでしまうのである。

このような汽水域における化学的なプロセスは、川の影響が遠くの外洋にいたるのを防ぐ役割を果たしてきたと言い換えることもできる。凝集作用は溶存鉄だけでなく、さまざまな物質に作用する。川には海洋の生物にとって有害な汚染物質も含まれている。これらの汚染物質の多くにも凝集作用が働くので、汽水域は、川から海へといたる水を浄化するフィルターと考えることもできるだろう。

さて、汽水域で除去された鉄はどうなるのだろうか？　ここで、五章で述べた中層水鉄仮説を思い出してほしい。オホーツク海には、海氷ができることによって生じる熱塩循環が存在する。汽水域で沈殿した鉄は、やがて大陸棚まで輸送され、その大陸棚からは熱塩循環によって運び去られ、東カラフト海流が外洋へと運んでいく。つまり、オホーツク海に関する限り、汽水域は鉄の終着点ではない。オホーツク海の特殊な環境が、沈殿してしまった鉄をはるか遠くの親潮域まで輸送するメカニズムを作り出しているのである。このメカニズムこそ、五章で詳述した中層水による鉄輸送である。

読者の中には、ここで疑問を持つ人もいるかもしれない。中層水鉄仮説が正しいとすると、鉄はオホーツク海の中層を運ばれて、親潮域で初めて海洋表面に登場する。そうだとすると、オホーツク海の表面に生息する植物プランクトンにとって、アムール川が運ぶ鉄は役に立たないのだろうか？　答えは否である。九〇％の鉄は、アムールリマンで沈殿してしまうことがわかったが、フルボ酸と錯体を形成した残りの一〇％の鉄は、そのままオホーツク海の表層を運ばれるのである。クロモフ号の観測結果によると、オホーツク海の北部、サハリン島の北端付近の溶存鉄濃度は、親潮域の鉄濃度に比べ、二桁高い。これらの鉄の大部分は、その場で採取した試料の分析から、腐植物質と錯体を作っていることがわかっており、オホーツク海の植物プランクトンは、この鉄を利用していると考えられる。つまり、松永さんの仮説は、アムール川とオホーツク海においても成り立っており、オホーツク海に関する限り、アムール川が運ぶ全溶存鉄の一〇％のおかげで鉄は余っているということができるのである。

第8章　鉄を生み出す湿原

松永仮説

親潮からオホーツク海、そして大陸棚からアムールリマンを遡り、バガロツカやハバロフスクを通って、ちょうど水の流れを遡るように鉄の挙動を見てきた旅も、そろそろ終着点が近づいてきた。本章では、鉄が陸地のどこで作られるのかを見ていくことにしよう。

アムール川が一一万トンもの溶存鉄を毎年河口に運んでいる事実から見て、アムール川流域のどこかで鉄が作られ、それがアムール川に流れ出していることは間違いない。日本の五倍強の面積を持つアムール川流域のどこで、鉄が作られるのか。あるいは流域全体にわたって平均

的に作られるのだろうか。プロジェクトの開始当初、この問題は我々にとって途方もない課題のように思われた。五年間という限られた期間に、この広大な流域をしらみつぶしで鉄を探し回らなければならないのだろうか。

幸い、この問題については、ひとつの大きな指針というか、依って立つことのできそうな大きな学説が先人によって唱えられていた。これが二章で簡単に紹介した松永勝彦さんによるフルボ酸鉄と沿岸の磯焼けをめぐる考察である。

磯焼けとは、本来であれば海藻やアマモの生息する沿岸域が、なんらかの理由で不毛の岩だらけの岩礁帯になってしまい、海藻やアマモによって成り立つ沿岸域の生態系が破壊されてしまった状態を指す。日本沿岸では、二〇世紀の高度経済成長とともに、多くの地域で磯焼けが起こるようになり、その原因がさまざまに取りざたされた。

松永勝彦さんは、北海道沿岸域における研究から、磯焼けの原因が、沿岸に淡水を注ぎ込む河川から鉄が供給されなくなったためであると考えた。海藻は植物プランクトン同様、光合成によって繁殖する生物であり、その海藻が鉄を必要とする理由は、二章で植物プランクトンについて述べた理由と同じで光合成にある。

川が溶存鉄を流さなくなった原因を追及していくうちに、松永さんは磯焼けの起こっている地域の流域では、急速な森林の減少が起こっていることに気がついた。もともと分析化学のエキスパートであった松永さんは、森林の減少と溶存鉄の減少との因果関係を探っていくうちに、前章で詳述した腐植物質と鉄の結びつきの問題に思いいたり、森林の減少が鉄と結びつく相手としての腐植物質の減少を引き起こし、それが結果的に沿岸に運ばれる鉄が減少した原因であると結論する。腐植物質の中でも、とりわけフルボ酸と呼ばれる無定形の高分子有機酸が鉄の相手として重要であると松永さんは主張した。

森林が存在すると、なぜ腐植物質、とりわけフルボ酸がたくさん生産されるのだろうか。そしてなぜフルボ酸の存在が鉄にとって重要なのだろうか。第一の疑問の答えは、森林が供給する有機物の循環にある。落葉広葉樹は、毎年毎年、落葉することによって冬期に光合成を抑制し、翌春、再び葉をつけることによって夏の光合成に備えている。冬期に光合成を抑制するのは、結氷温度以下の条件で光合成を行うと、それによって生じる水の凍結が、植物にとって障害となってしまうからである。冬期においても落葉しない樹木は、冬期に光合成を行っても二酸化炭素の固定を行わず、吸収した光エネルギーを効率よく捨て去る仕組みを持っている。

落葉広葉樹のような樹木は、この仕組みを持たないかわりに、葉っぱを落とすことで冬期を乗り切る戦略をとった。その結果、林床には毎年大量の枯葉が蓄積することになり、この枯葉は昆虫やバクテリアなどの微生物の活動によって次第に分解されていく。その結果、最終生成物として残るのが腐植物質であり、別名フミン酸と呼ばれる。フミン酸は、土壌から抽出した後に酸を加えると沈殿するが、一部は沈殿しないで溶存状態を続ける。この物質をフルボ酸と呼ぶ。フルボ酸にはカルボキシル基と呼ばれる鉄と結合しやすい化合物が含まれており、このカルボキシル基こそが鉄と結合して、酸化環境では容易に沈殿しやすい鉄を安定的に水の中で溶存状態に保ってくれるのである（口絵3）。

松永さんの仮説は、当時、北海道や東北でさかんになりつつあった漁師による植林活動に大きな科学的根拠を与えることになった。この話は、一一章でくわしく述べることにしよう。

我々のプロジェクトは、ある意味、松永さんの仮説を立証するためのひとつの野外検証のような側面を持っている。プロジェクトの立案にあたっては、松永さんに講義をお願いし、プロジェクトを通じて力強い応援をいただいた。というのも、松永さんのフルボ酸鉄仮説については、必ずしも賛成の意見ばかりではなかったからである。松永さんの学説が発表されて以降、磯焼けの原因についてはさまざまな反論が唱えられた。我々としては、ユニークな学説を最初に唱えられた松永さんの仮説をなんとしても立証したいという強い気持ちがあったのだ。

意外な事実

松永仮説に基づけば、アムール川がオホーツク海に大量の鉄を輸送できる原因は、アムール

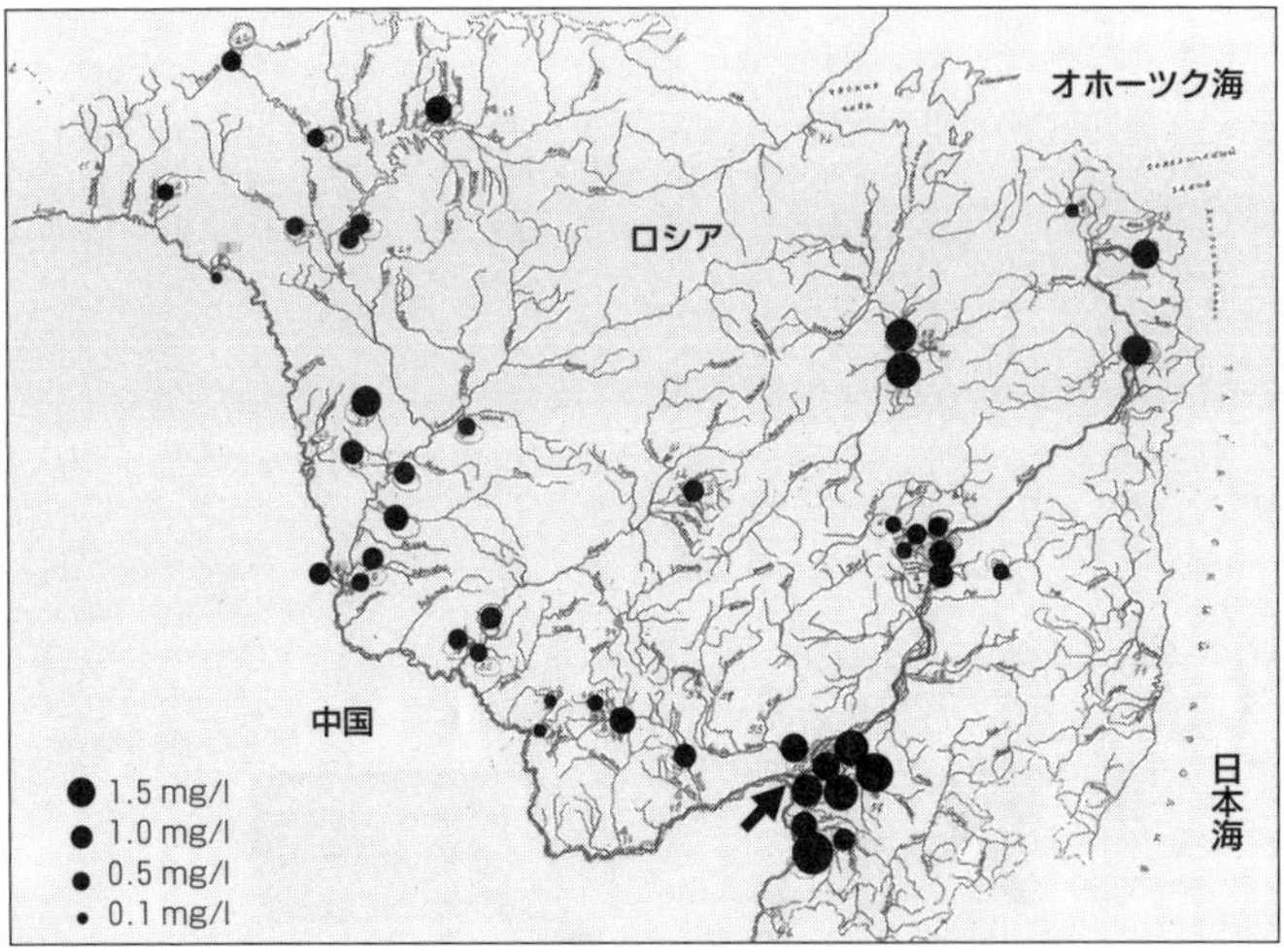

図17　アムール川流域の溶存鉄濃度の空間分布
（中塚ほか 2008）

川流域に広大な森林、とりわけ落葉広葉樹を持つ森が存在するためと考えられる。したがって、我々のプロジェクトでも、流域の森林に注目することが妥当な戦略であった。

ところが、あるひとつの図が我々に大きな驚きを与えることになった。それは、ロシア連邦水文気象・環境監視局が定期的に採取しているアムール川流域の河川水中の鉄濃度のデータであった。図17では、アムール川とそれに注ぐ支流のさまざまな地点で採取された河川水の溶存鉄濃度が丸の大きさで示されている。濃度の数値を見る限り、アムール川流域の鉄濃度は、どこでも高く、日本の平均的な河川に比べると一桁以上高い鉄濃度を有している。ところが、中でもとりわけ大きな丸が、アムール川中流、ちょうど大支流である松花江やウスリー川の合流点付近に集中していた。これはなんであろうか?

それは湿原であった。アムール川の流域には、現在一三万㎢の湿原が存在するが、そのかなりの部分が、このアムール川の中流、ロシアの地名でいえば、ハバロフスクの周辺に広がっている。鉄の起源は森林である、そう想像していた我々にとって、この事実は驚きであった。なぜ、湿原なのだろうか?

新潟を飛び立った飛行機は、日本海を越えると豊かな森林に囲まれる世界自然遺産のひとつ、シホテアリン山脈を真下に見ながら西進する。そして、シホテアリンの山麓が近づくと、その先には広大な湿原地帯が広がり、アムール川やウスリー川の氾濫源が見えてくる。釧路湿原のようなスケールを想像してもらっては困る。ここには北海道全域に匹敵する湿原が広がっているのだ。

湿原で鉄が濃くなる原因は、腐植物質の量もさることながら、鉄自体の挙動に注目すると理解できる。地球上において鉄は四番目に多い元素であり、陸上であればどこにでもある物質である。ところが、七章で述べたように、酸素と結びつきやすい性質を持っているために、酸素が豊富な環境では、ほとんどの鉄が酸素と結合した水酸化鉄という不溶性の物質として存在する。このような鉄を植物や植物プランクトンは直接利用できないことはすでに述べた。一方、

写真18　アムール川中流域に広がる広大な湿原地帯
（長尾誠也氏撮影）

酸素がない状態においては、鉄は一部の電子を切り離し、陽イオンとして水に溶けることが可能となる。

湿原という場所は、常時、地下水位が高く、地表に水が存在する。このような場所には、湿原特有の植物が繁茂する。植物は季節の移り変わりと共に枯死して、やがてはバクテリアによって分解されるのだが、北方湿原は気温の低さもあってか、分解は遅く、そして分解の過程で酸素が消費されるため、常時酸素の少ない還元的な環境が維持される。このような状態は、鉄の水中への溶出にとって都合がよく、それゆえ、湿原の水域には多量の鉄が溶け出すことになる。ただし、湿原で生まれた鉄も、やがては川に注ぎ込む。川には大量の酸素が存在するので、鉄は酸素と結びつき、水酸化鉄として川底に沈殿してしまう。

大量に鉄が溶ける湿原の還元環境が重要なのか？　それとも、溶けた鉄が酸化しないで有機物と結びつけるような森林の存在が重要なのか？　気の遠くなるほど広大なアムール川流域において、松永仮説とロシアから得た情報は、五年間という限られた期間に効率よく観測するための多くの指針を提供してくれた。

中露に負った陸域観測

ロシアでは長期間にわたる溶存鉄濃度のデータが得られたものの、我々の興味はアムール川のどこで、いつ、どのようなメカニズムによって鉄が溶出し、それがいかにしてアムール川に流入するか、という点にあった。ロシアのデータは、あくまでも限られた場所で定期的に採取された、いわば平均的な状態の溶存鉄濃度であり、二価鉄と三価鉄の区分や、有機物との錯体形成についての情報は依然として未知のままであった。

このため、我々のプロジェクトでは、ロシアや中国の研究者と共同で現場の生データを採取することに力を注ぐことになった。鉄が溶出するメカニズムを解明するためには、実験地を設け、季節を通じてできるだけ頻繁に観測する必要がある。観測毎に日本から研究者が出かけていっては、時間もお金もきりがない。現地に住む研究者と共同することによって、この問題を解決しなければならない。日本の研究者の役割は、最初の立ち上げ時に試験地を現地研究者と一緒になって決めること、試料採取方法の手順書の作成、採取された試料の分析方法の指導である。これさえ確立しておけば、あとは年に数回の現地調査と打合せを行うことで、質の高いデータがとれるに違いない。広大なアムール川流域という研究対象に選んだからには、可能な限り、現地の研究者に興味を持ってもらい、実際の作業にあたってもらうことが最善の方法だと思われた。

この仕事に中心となって取り組んでくれたグループリーダーは、柴田英昭さんと楊宗興さんだ。柴田さんは、主として中国の森林地帯を担当し、松花江の中流の都市、ハルビンにある東北林業大学と連携した。データ採取に選んだフィールドは、東北林業大学の実験流域である小興安嶺の涼水《りゃんしゅい》・寒月《はんゆえ》地区である。中国側の共同研究者代表は、石福臣《しいふうちぇん》さん。一方、楊さんは、瀋陽にある中国科学院応用生態学研究所の陳欣《ちぇんしん》さん、および長春の中国科学院東北地理農業生態学研究所の閻百興《やんばいしん》さんのチームと共同で、湿原のデータ採取にあたった。

黒竜江、松花江、ウスリー川の三つの河川が合流する場所には、三江平原と呼ばれる面積にして一〇万㎢の広大な低湿地帯が広がっている。ひとつのエリアとしては、アムール川流域でも屈指の湿原地帯であり、楊さんらは、この平原にある東北地理農業生態学研究所に所属する湿地研究所を拠点に広くデータの収集を行った。

一方、対岸のロシア側では、少し遅れてプロジェクトに参加した大西健夫さん（岐阜大学）が、ハバロフスクにあるロシア科学アカデミー極東支部水・生態学研究所のウラジミール・シャーモフさんとタッグを組んで、ハバロフスク周辺と下流に広がる低地帯においてデータの収集を開始した。そして、これらの三つのチームは相互乗り入れを行って、それぞれの場所で得られる成果をアムール川流域全体からの視点で整理した。最終的には、フィールドで得られたデータが数値モデルの構築につながり、流域全体の鉄の挙動の評価につながるのだが、それについては一〇章でふれたい。

無用の用としての湿原

二〇〇五年の夏に現地での本格的な観測が始まった。最初にもたらされた成果は、楊さんらのグループによるアムール川の下流域に広がるガシ湖流域のデータであった。ガシ湖は、ハバロフスクの下流、約一二五㎞の距離にある氾濫源の右岸に広がる大きな湖であり、右岸のシホテアリン山地から流れてきた河川は、一旦この湖に流入し、そこからアムール川へと合流する。

楊さんらは、ガシ湖に注ぐ河川とその下流に広がる湿原域の河川において、比色法と呼ばれる化学反応を利用した方法で溶存鉄濃度を測定した。その結果が図18である。図中の円の大きさが濃度を示している。山地河川においては、どこでも溶存鉄濃度が低く、湿原に入った途端に急激に濃度が高くなる傾向が見てとれる。ただし、同じ湿原域でも濃度には違いがある。そこで、楊さんらはガシ湖湖面と採取地点の標高差を一方の軸にとり、他方に溶存鉄濃度をとって、両者の関係を比較した（図19）。その結果、両者には大変はっきりとした関係が現れた。

写真19　ガシ湖近傍の小河川における流量と鉄濃度観測風景（楊宗興氏撮影）

すなわち、標高の高い山地河川では溶存鉄濃度が小さく、湖近傍の平坦な地形になればなるほど急激に濃度が上昇するという関係である。

この結果が示すことは何だろうか？　我々はこう考えている。鉄そのものは、地球の地殻を構成する主要な元素であり、岩石やその風化した土砂中には大量に存在する。しかし、酸化的な環境では、これらの鉄は酸化鉄として水に溶けずに固体として存在する。いったん酸素の少ない還元的な状態におかれると、鉄は二価鉄や三価鉄となって水中に溶出する。そしてこのような還元的な環境は地下水位に大きく関わっている。傾斜の勾配がきつい山地においては、地下水位は必然的に低くなるが、傾斜のゆるやかな湿原域や氾濫源では、地下水位が高くなる。また、湿原においては、湿原植生に起因する腐植物質が大量に存在する。もともと溶けやすい還元的な地下水環境と、豊富に存在する腐植物質の二つの要因が重なって、低平な湿原で鉄の濃度が高くなるのである。

それでは、森林は鉄の供給地として働いていないのであろうか？　松永仮説は間違っていたのであろうか？　結論からいうと、森林、とりわけ人為的な攪乱を受けていない森林は、鉄の供給源として重要である。単位面積あたりの鉄の溶出量という意味では、森林は湿原に遠くおよばないが、アムール川流域における森林の面積は膨大であり、全体としては大きな鉄の供給源になっている。柴田さんと中国の共同研究者が明らかにしてくれた実験流域で得たデータを

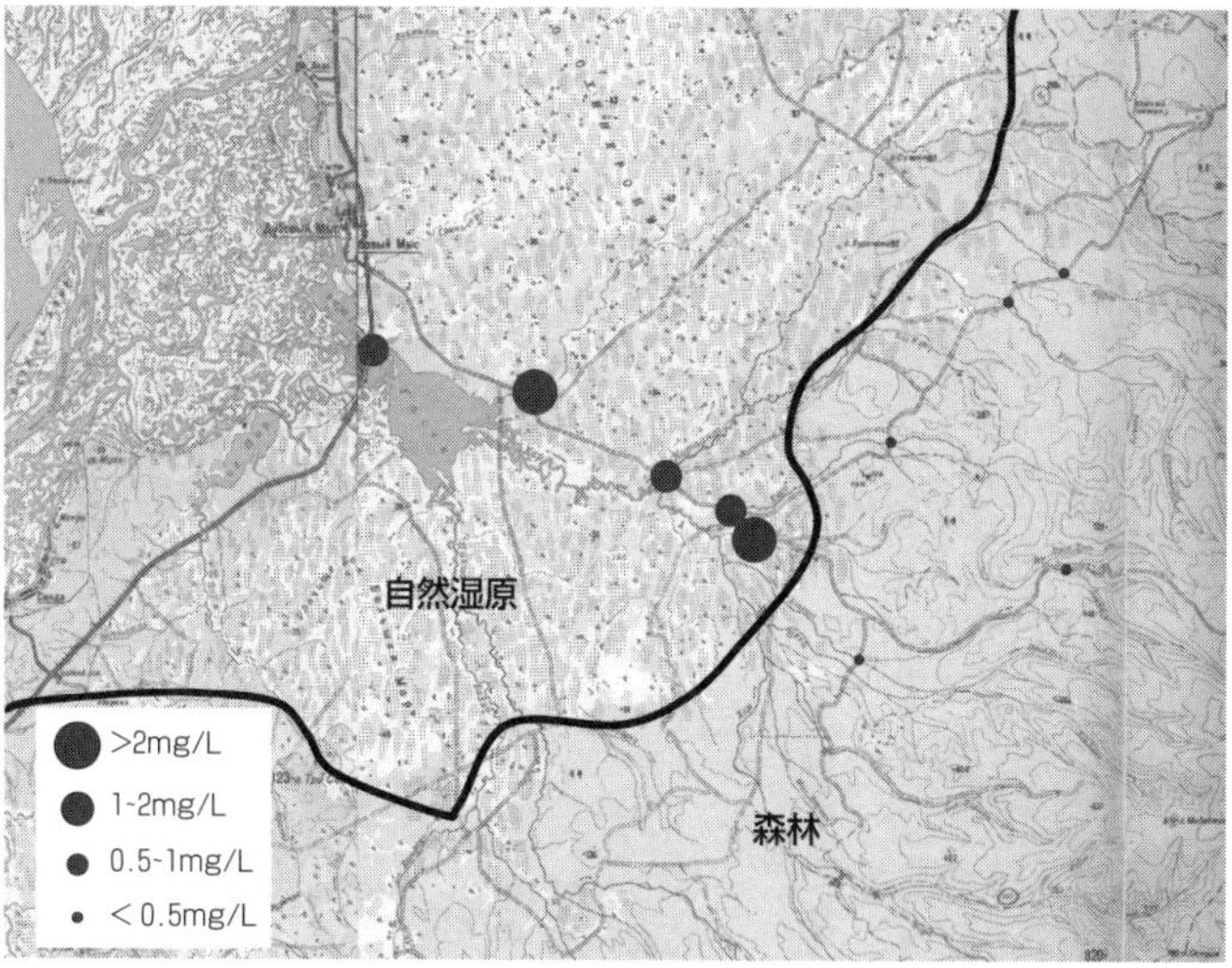

図18　ガシ湖周辺の森林と自然湿原における溶存鉄濃度の空間分布

円の大きさが溶存鉄濃度を示す（Yoh et al. 2010）。

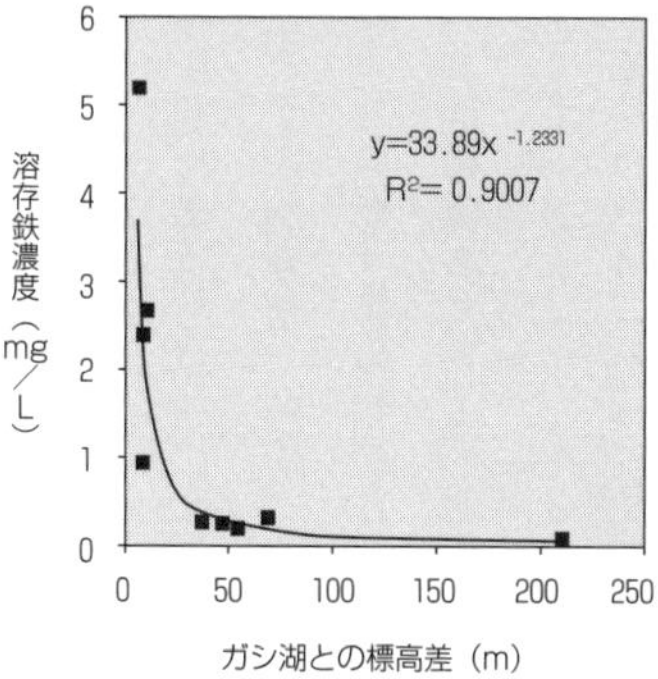

図19　ガシ湖湖面と試料採取地点の標高差と溶存鉄濃度との関係（Yoh et al. 2010）

見ることによって、森林帯におけるさらなる鉄の挙動が明らかとなる。

鉄の供給源としての森林

大興安嶺・小興安嶺といえば、ある世代以上の方にとってはメラメラと冒険心が湧き上がってくる名前に違いない。黒竜江の右岸、中国領に広がるこれらの山地は、かつては探検の対象であった。開発が進んだ今となっては、当時の面影は薄れてしまったかもしれないが、広大な農地が広がる黒竜江省にあっては、今でも豊かな森林を有する山地帯である。

その小興安嶺の涼水《りゃんしゅい》および寒月《はんゆえ》と呼ばれる地域、および大興安嶺の松嶺《そんりん》と呼ばれる地域に東北林業大学の演習林がある。柴田さんとその中国側の共同研究者である石福臣さんのグループは、これらの演習林に存在する試験流域において、二〇〇四年から二〇〇七年にかけて、継続的に溶存鉄濃度のデータを収集した。その対象は、森林内の土壌、森林流域のさまざまな地点の河川水、そして自然林と火災を受けた森林の比較など、詳細かつ広範囲にわたる鉄の挙動の調査であった。

図20は小興安嶺の寒月における表層土壌中の溶存鉄と溶存有機炭素（ＤＯＣ）の濃度を示している。溶存有機炭素とは、水中に溶けた有機物の量を表す指標であり、しばしば河川の汚濁

写真20　大興安嶺に広がる森林と豊かな河川（柴田英昭氏撮影）

の程度を示す指標として用いられている。なぜ人為的な汚染の指標になるかというと、人間が排出するさまざまな窒素やリンが水域の富栄養化を引き起こし、これがプランクトンを増殖させ、そのプランクトンがバクテリアによって分解されることにより、水中の溶存有機物が増えるからである。一方、人為的な影響がまったくないか少ない山地においては、ＤＯＣは植物などの自然植生の豊かさを示す指標となる。

図20を見ると、ＤＯＣも溶存鉄も、〇〜一〇cmの表層で濃度が高いことがわかる。これは、溶存有機物が存在する表層付近で、これと結びついた鉄、すなわち有機物鉄錯体が多いことを示している。

一方、流域の異なる場所でどのように鉄が

振る舞うかを調べた結果が、小興安嶺での観測から得られた図21である。HS-1は寒月のカラマツ植林地、LS1、LS2、LS3は涼水の自然林で、それぞれチョウセンゴヨウ・シラカンバ林（LS1）、チョウセンゴヨウ・トウヒ・シラカンバ林（LS2）、トウヒ・シラカンバ・ハンノキ林（LS3）からなる。軸の三つのパターンは、水を採取した流水の地形的特徴を示す。白が谷頭付近、黒が河間地、斜線が流域最下端である。四つの地点と三つの地形的特徴の違いを比較すると、植生の違いには大きな差は見られず、どこを流れる水で試料が採られたかが大きな違いを生み出している。最も高いDOCと溶存鉄濃度は、河間地のものであり、谷頭と流域最下端の値はいずれも低い。河川の谷底に近い河間地は一般に地下水位が高いので、このデータ群もやはり地下水位が高い地点で有機物鉄錯体の濃度が高いことを示している。

植生によってDOCと溶存鉄濃度が変わらないと述べたが、森林火災を受けた森林はその限りではない。図22は、大興安嶺の松嶺で行われた森林火災を受けた流域と自然植生が残っている流域の河川水中の溶存鉄濃度を比較したものである。二〇〇四年、二〇〇六年、二〇〇七年の三年にわたって毎月測定された値の年平均値を示している。この図を見ると、火災を受けた森林を持つ流域から流れ出す河川には、自然森林の場合に比べて極端に低い濃度の溶存鉄しか存在していないことがわかる。おそらくは、錯体を形成する有機物が、森林火災によって焼失してしまったための結果であろう。

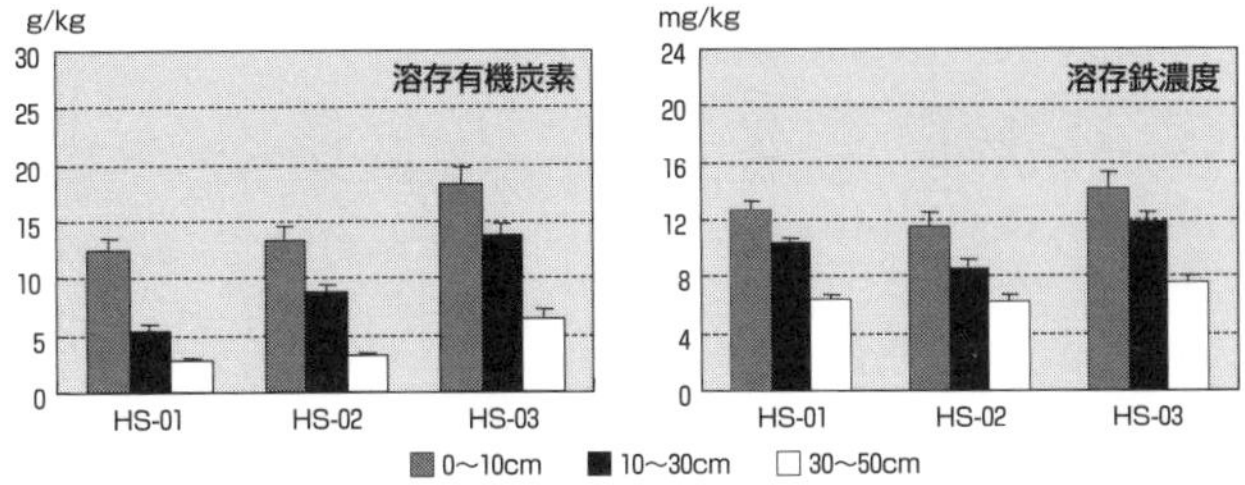

図20　小興安嶺の寒月における表層土壌中の溶存有機炭素と溶存鉄濃度の分布

HS-01：カラマツ植林地、HS-02：トウヒ・シラカンバ二次林、HS-03：シラカンバ・ハンノキ・カラマツ二次林（Xu et al. 2010）。

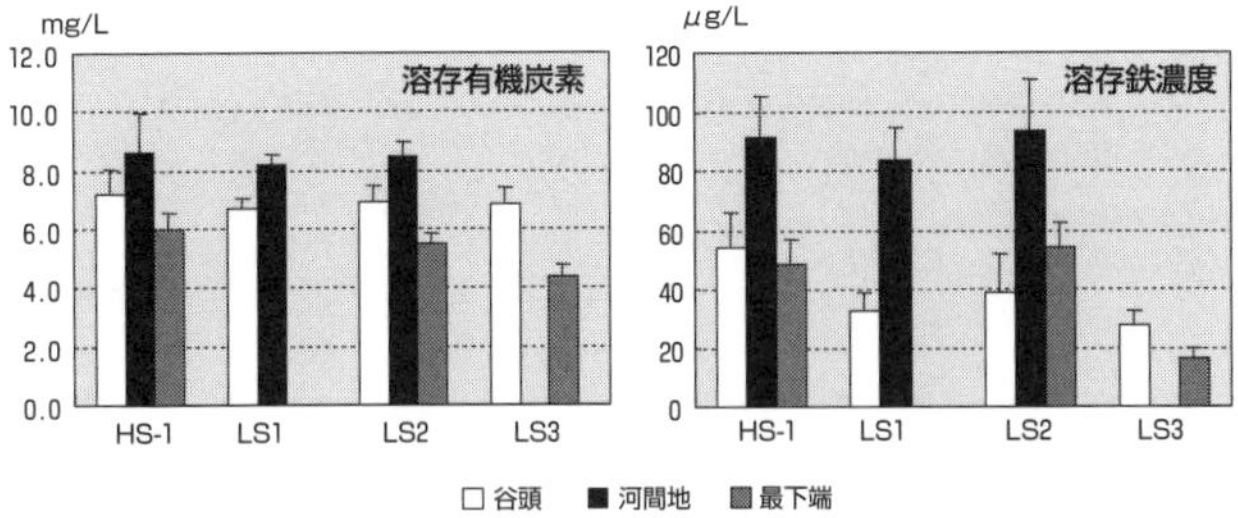

図21　小興安嶺の寒月（HS）および涼水（LS）実験地における異なる地形間での溶存有機炭素と溶存鉄濃度の比較

（Xu et al. 2010）

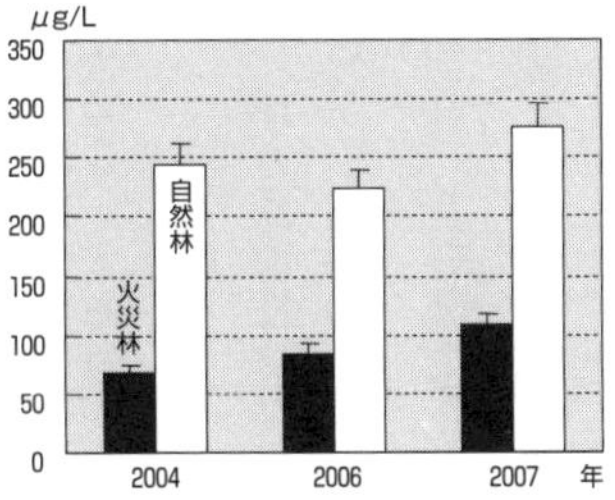

図22　自然林と火災を受けた森林における溶存鉄濃度の変化

（Yoh et al. 2010）

鉄流出に与える人為的な影響

土地利用変化が溶存鉄濃度に与える影響は、三江平原においてより顕著に表れている。図23は、湿地研究所の実験的な圃場《ほじょう》で観測した表層土壌中の間隙水の溶存鉄濃度の二〇〇七年における季節変化である。ここでは、一〇cmと五〇cmの深さの溶存鉄濃度を、雪融けの六月から凍結の始まる一一月まで測定した。

図で明らかなように、一〇cmでも五〇cmでも、六月の雪融けと共に溶存鉄濃度は上昇する。ただし、畑地においては通年にわたって溶存鉄の存在は確認できなかった。湿原は八月に最も濃度が高くなり、その後、徐々に低下していく。一方、水田は湿原同様、夏に濃度が高くなるが、湿原ほどには上昇せず、しかも九月の収穫期の落水によって急激に溶存鉄濃度を低下させる。落水という人為的な操作の起こらない湿原では、地下水位は秋を通じて高く保たれるため、凍結によって水が得られなくなるまで、高い溶存鉄濃度を保持していることになる。

以上、アムール川流域のさまざまな陸面での溶存鉄と溶存有機炭素の測定から、自然状態であれば、溶存鉄濃度は地下水の存在による還元状態と、錯体を形成する相手である有機物（＝腐植物質）の存在によって濃度が決まることが明らかとなった。人為的な影響としては、腐植

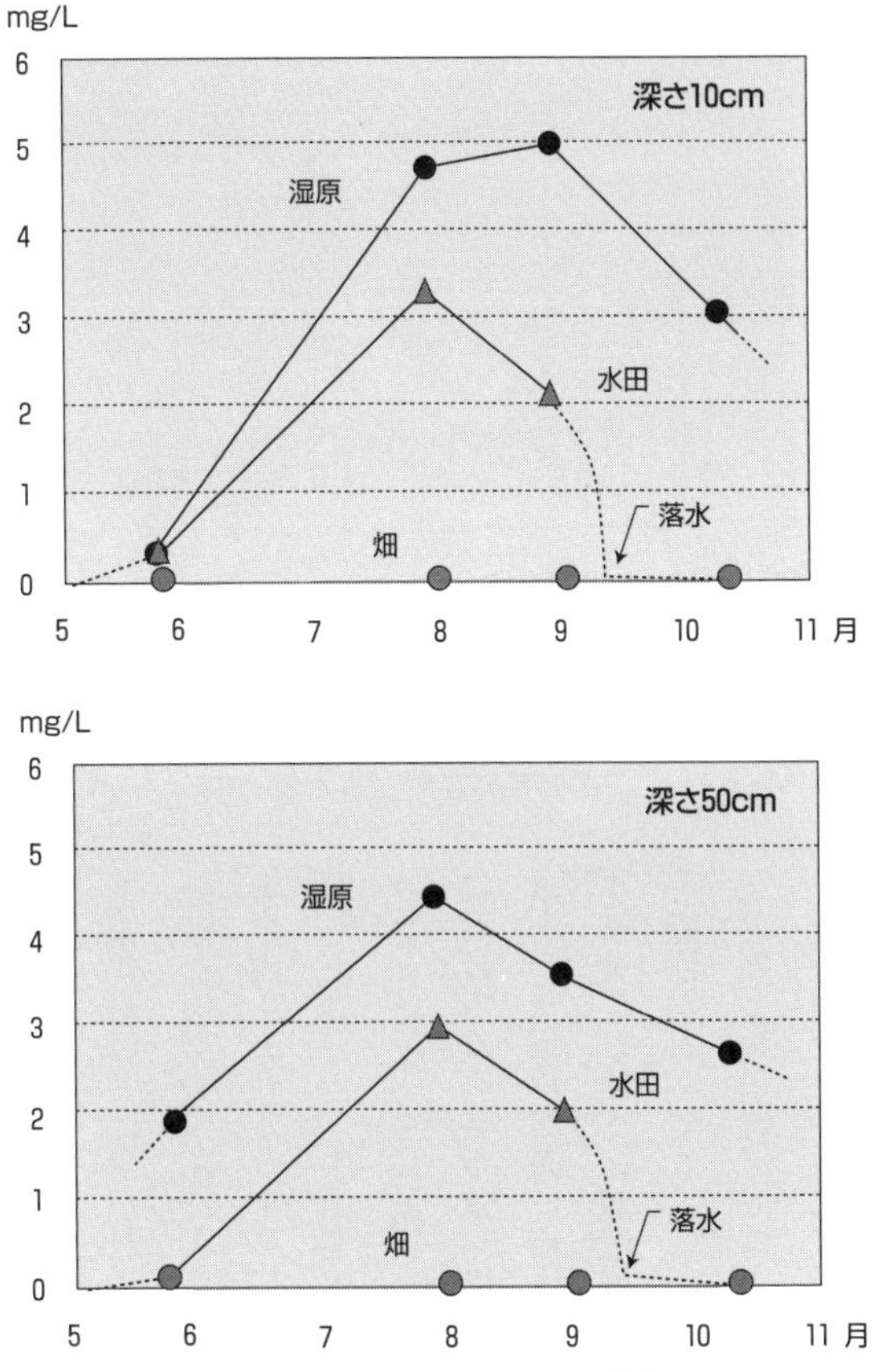

図23　土地利用改変が土壌水分中の
溶存鉄濃度に与える影響

（Yoh et al. 2010）

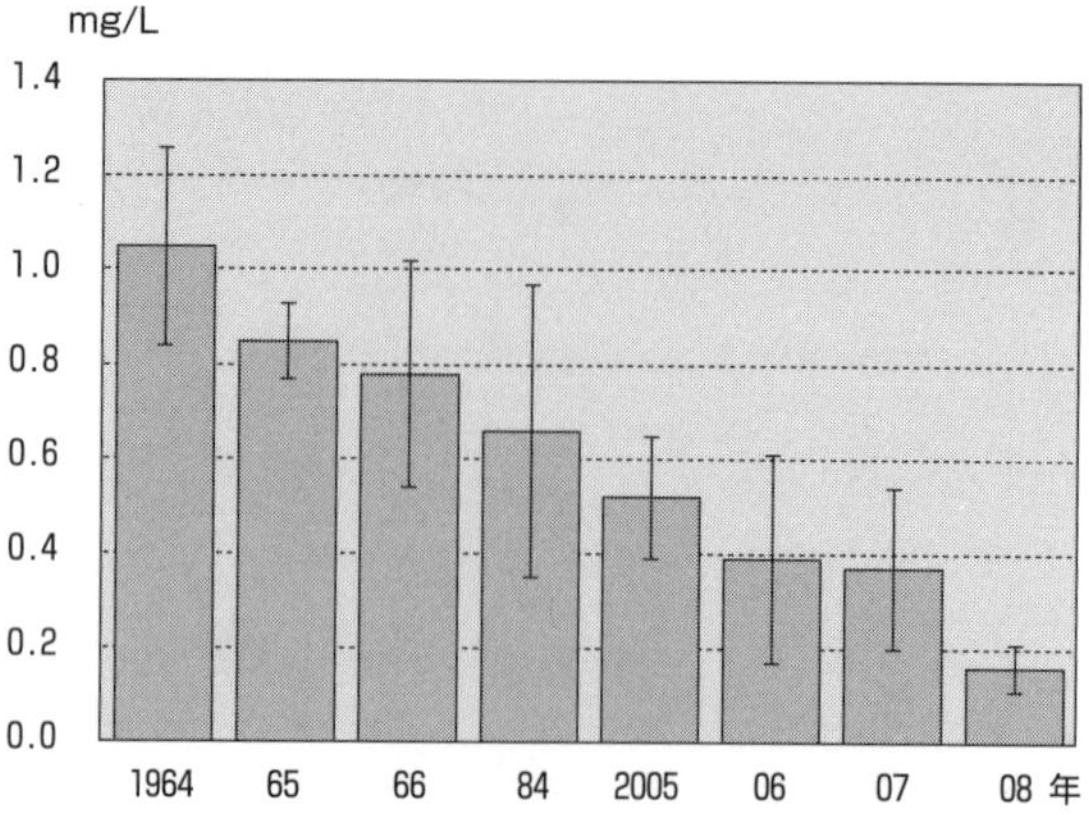

図24　三江平原を流れるナオリ川の全溶存鉄（Fe^{2+}＋Fe^{3+}）濃度の時系列変化（Yan et al. 2010）

物質を減少させる森林火災、地下水位を低下させる干拓による耕地開発によってそれぞれ溶存鉄濃度が減少することが判明した。三江平原においては、一九八〇年代に開始される急速な湿原の干拓による農地開発によって、湿原内を流れるナオリ川の鉄濃度が急速に減少したことが、中国側の研究者によるモニタリングによってわかっている（図24）。陸面における鉄の減少は、アムール川を通じてオホーツク海や親潮に輸送される鉄の総量を減少させ、ひいては親潮域の基礎生産を減らす可能性がある。

　アムール川流域ではなぜこのような急速な土地利用変化が生じているのであろうか。次章では、流域で進行する陸面・土地利用変化の実態とその背景について考えたい。

第9章　アムール川流域の土地利用変化とその背景

アムール川全流域における土地被覆・土地利用分類計画

「シベリアでは一〇〇㎞の距離と一本のウォトカはないに等しい」。

ロシアの友人はしばしばロシアの広さとロシア人の酒好きを称してこう喩える。アムール川とオホーツク海を研究対象に選んだ際、私たちの頭にはまだその広さが実感として入っていなかった。いや、こうしてプロジェクトが終わり、まとめの本を書いている段階でも、その広さを本当に理解しているかどうか、怪しいものだ。流域面積二〇五万㎢。そのアムール川流域を五年という限られた期間で理解しなければならない。

まったく土地勘のないアムール川流域の土地利用変化研究に取り組むにあたり、ゼロから始めるのは現実的ではない。経験者の協力が必要であった。一人は氷見山幸夫さん（北海道教育大学）。もう一人は春山成子さん。お二人とも地理学者。氷見山さんは、国際的なグループを率いて地球上の土地利用変化の現状と背景解析に取り組み、すでにアムール川流域についても一部、土地利用図を作成しつつあった。そして春山さんは自然地理学の立場からアジアにおける河川地形、とりわけ洪水に関わる研究に取り組んでいた。

いくら衛星データを使っても、アムール川流域全域を調べることは途方もない作業となる。また、日本だけでは情報に限りがあり、衛星データを利用するにしても、現地の状況をよく知っている人が欲しい。氷見山さんのご紹介もあり、ウラジオストックの太平洋地理学研究所と長春の東北地理農業生態学研究所の二つの機関に協力を依頼することになった。前者からはセルゲイ・ガンゼイさんとビクトール・エルモーシンさんが、後者からは張柏《ちゃんばい》さんがこの作業にあたることになった。ロシアと中国の研究者に協力してもらい、アムール川全域の土地被覆・土地利用図を作り、春山さんのチームには、特に重要な地域に集中して現地調査と衛星データを用いた地形分類図を作成してもらうという作戦である。

アムール川流域全域の土地被覆・土地利用状態を地図化することは、このプロジェクトの目的である鉄の流れを解明するためには必須の課題であった。なぜなら、八章で見たように、土地被覆状態や土地利用状態によって溶存鉄の濃度が大きく異なるからである。アムール川の河口からオホーツク海に流出する鉄は、いわばアムール川全流域から集結した鉄であるといっていい。鉄を生み出す空間的な土地情報と、その空間内の代表的な場所の鉄の挙動についての情報を得ることができれば、たとえ全域を調査することができなくても、限られた情報を外挿して全体像を把握することができる。

とはいえ、アムール川流域の土地被覆・土地利用図を作成することは、想像以上に困難だった。アムール川流域はロシア、中国、モンゴルの三ヶ国によって領有されている。本当は、白頭山の山頂がアムール川の流域界を構成するので、朝鮮民主主義人民共和国も流域に入れるべきなのだが、占める面積が無視できるほど小さいので、このプロジェクトでは考慮しなかった。

第一に問題となったのは、流域三ヶ国では、それぞれ異なる土地利用分類の基準があることだ。流域全体の土地利用図を作成するためには、既存の土地利用図を編集する必要があるのだが、土地利用区分の仕組みが国によって異なっているので、単純に付き合わせることができない。関係者が長春に集まって、調整する作業が必要であった。

第二は、基本図として用いる地形図がロシアや中国においては簡単に利用できない問題。日本では、誰でもどこでも国の地形の基本図である国土地理院の二万五千分の一地形図を購入することが可能である。ところが、ロシアや中国では、ある程度以上の情報を持つ詳細な地形図は、国家機密の範疇に属し、自国の研究者であっても論文などに使用することが禁じられている。最終的に完成した地形図は、プロジェクトの成果として国際的に広く発表されるものであるため、各国の法律を踏まえた上で使える地図と使えない地図を慎重に検討する作業が必要だった。

最後の問題は、土地被覆・土地利用図の作成に関わるロシアと中国の共同研究者の経験の違いであった。ある時、中国とロシアが作成した三江平原の水田分布を比較したところ、同じ衛星データを用いているにもかかわらず、復元された土地被覆・土地利用図が大きく異なっていることを発見した。原因を突きつめていくと、一方の国の若いスタッフが、水田を湿原と取り違えたためであることが判明した。水田に水を引く夏は、水田も湿原も水に覆われることで衛星から見れば大きな違いがない。区画された圃場の形によって両者は区別できるのであるが、場所によってはこの区画が曖昧である。衛星データを用いて季節的な変化を追うことで両者は初めて区分される。この問題で、現場の状況を知らずに限られた衛星データで判断を行うことの危険性を痛感することになった。

中国とロシアが独立して作業を進め、日本が間に立って両者を統合していく過程でひとつひとつ過ちを直しながら、最終的な成果として、二〇〇七年、アムール川流域全域の土地被覆・

2010年4月から2010年10月の新刊（つづき）

報徳思想と近代京都 並松信久著
ISBN978-4-8122-1041-3／A5並製／296頁／2625円

拡大生産者責任の環境経済学―循環型社会形成にむけて
植田和弘・山川肇編 ISBN978-4-8122-1040-6／A5上製／544頁／5040円

アメリカ史のフロンティアI **アメリカ合衆国の形成と政治文化**
―建国から第一次世界大戦まで 常松洋・肥後本芳男・中野耕太郎編
ISBN978-4-8122-1036-9／A5並製／264頁／2940円

アメリカ史のフロンティアII **現代アメリカの政治文化と世界**
―20世紀初頭から現代まで 肥後本芳男・山澄亨・小野沢透編
ISBN978-4-8122-1037-6／A5並製／270頁／2940円

新・地球環境政策 亀山康子著
ISBN978-4-8122-1042-0／A5並製／264頁／2625円

解説食品トレーサビリティ［ガイドライン改訂第2版対応］
―ガイドラインの考え方／コード体系、ユビキタス、国際動向／導入事例 新山陽子編
ISBN978-4-8122-1039-0／A5並製／236頁／2520円

京都まちあるき練習帖―空間論ワークブック 浜田邦裕著
ISBN978-4-8122-1057-4／A5並製／146頁／1995円

再検証 犯罪被害者とその支援―私たちはもう泣かない。 鮎川潤著
ISBN978-4-8122-1044-4／四六並製／160頁／1890円

開発教育実践学―開発途上国の理解のために 前林清和著
ISBN978-4-8122-1058-1／B5並製／160頁／2625円

―― シリーズ アメリカ・モデル経済社会（全10巻） **渋谷博史監修** ――

第1巻 **アメリカ・モデルとグローバル化I―自由と競争と社会的階段**
渋谷博史編 ISBN978-4-8122-0963-9／A5上製／282頁／2940円

第2巻 **アメリカ・モデルとグローバル化II―「小さな政府」と民間活用**
渋谷博史・塙武郎編 ISBN978-4-8122-1028-4／A5上製／276頁／2940円

第3巻 **アメリカ・モデルとグローバル化III―外的インパクトと内生要因の葛藤**
渋谷博史・田中信行・荒巻健二編 ISBN978-4-8122-0969-1／A5上製／244頁／2940円

第4巻 **アメリカ・モデル福祉国家I―競争への補助階段**
渋谷博史・中浜隆編 ISBN978-4-8122-1029-1／A5上製／264頁／2940円

第5巻 **アメリカ・モデル福祉国家II―リスク保障に内在する格差**
渋谷博史・中浜隆編 ISBN978-4-8122-0970-7／A5上製／288頁／2940円

第6巻 **アメリカの医療保障―グローバル化と企業保障のゆくえ**
長谷川千春著 ISBN978-4-8122-0955-4／A5上製／258頁／3570円

エコソフィア

B５／並製巻表紙／各1575円

全20号。好評発売中。

生き物文化誌　ビオストーリー

菊判変型／並製／各1575円

第１～10号好評発売中。第11号以後については、生き物文化誌学会にお問い合わせ下さい。

宗教哲学研究　No.24～27

年１回／Ａ５／並製／各2520円

家庭フォーラム

日本家庭教育学会編／年２回／Ａ５／並製／各500円

⑱**敬語のしくみ、つかい方**　⑲**親学とは何か？**
⑳**おうちで食べよ――家庭で学ぶ食育**　㉑**おばあちゃんの知恵袋――家庭の中の老人力**

日本の哲学

日本哲学史フォーラム編／年１回／Ａ５／並製／各1890円

①**西田哲学研究の現在**　②**構想力／想像力**　③**生命**
④**言葉、あるいは翻訳**　⑤**無／空**　⑥**自己・他者・間柄**　⑦**経験**
⑧**明治の哲学**　⑨**大正の哲学**　⑩**昭和の哲学**

人と水

人と水編集委員会編／年２回／Ｂ５／並製／各500円

①**水と身体**　②**水と社会**　③**水と生業**　④**水と地球環境**
⑤**水と風景**　⑥**水と動物**　⑦**水と植物**　⑧**水と信仰**

シーダー SEEDer

『シーダー』編集委員会編／年2回／B5／並製／各1050円

No.０：**地域・環境・情報 新しい学知の創生**
No.１：**オーストラリアの自然と人間――交流と攪乱の歴史**
No.２：**生物多様性が拓く未来**

地域研究

地域研究コンソーシアム／年２回／Ａ５／並製／各2520円

Vol. 9　No.１：**アフリカ――〈希望の大陸〉のゆくえ**
Vol. 10　No.１：**越境と地域空間――ミクロ・リージョンをとらえる**
Vol. 10　No.２：**社会主義における政治と学知――普遍的イデオロギーと社会主義体制の地域化**

月刊　農業と経済

A5／並製／100頁／860円／毎月11日発売

2010年９月号：**農業でつくる生物多様性**――COP10を日本に迎えて
10月号：**生き残りをつかむ集落支援**
11月号：**どうなる米価とモデル対策**　ほか
2010年８月臨時増刊号：**進化する農村ツーリズム**――協働する都市と農村（1700円）

環境教育という〈壁〉―社会変革と再生産のダブルバインドを超えて　今村光章著
ISBN978-4-8122-0947-9／Ａ５／上製／224頁／3150円

ダーウィンと進化思想―人間論からのアプローチ　入江重吉著
ISBN978-4-8122-0959-2／Ａ５／上製／304頁／3675円

東アジアの環境賦課金制度―制度進化の条件と課題　李秀澈編
ISBN978-4-8122-0957-8／Ａ５／上製／432頁／6510円

田舎へ行こうガイドブック―明日香と京丹後のグリーン・ツーリズム
宮崎猛・中川聰七郎監修／NPO法人日本都市農村交流ネットワーク協会編
ISBN978-4-8122-1004-8／Ａ５／並製／112頁（オールカラー）／1470円

地球研叢書 水と人の未来可能性―しのびよる水危機
総合地球環境学研究所編
ISBN978-4-8122-0922-6／四六／上製／196頁／2415円

食卓から地球環境がみえる―食と農の持続可能性　湯本貴和編
ISBN978-4-8122-0813-7／四六／上製／176頁／2310円

黄河断流―中国巨大河川をめぐる水と環境問題　福嶌義宏著
ISBN978-4-8122-0775-8／四六／上製／208頁／2415円

ウィズエイジングの健康科学―加齢と上手くつきあうために　木村靖夫編
ISBN978-4-8122-1006-2／Ｂ５／並製／228頁／2835円

改訂新版　産業医のための精神科医との連携ハンドブック
中村純・吉村玲児・和田攻監修
ISBN978-4-8122-0904-2／四六／並製／160頁／1575円

職場のメンタルヘルス対策最前線　中村純著
ISBN978-4-8122-0859-5／四六／並製／232頁／1785円

芸術・美術関連

自然のこえ命のかたち―カナダ先住民の生みだす美
国立民族学博物館編
ISBN978-4-8122-0943-1／変型(220mm×240mm)・並製／108頁(うちカラー40頁)／1995円

極北と森林の記憶―イヌイットと北西海岸インディアンの版画
齋藤玲子・大村敬一・岸上伸啓編
ISBN978-4-8122-0948-6／変型(220mm×240mm)上製／156頁(うちカラー108頁)／4410円

記憶表現論　笠原一人・寺田匡宏編
ISBN978-4-8122-0866-3／四六／上製／カラー口絵４頁＋304頁／3990円

花信のこころ―花と禅　文・大橋良介／いけばな・珠寶
ISBN978-4-8122-0938-7／菊判変形／並製／144頁／1890円

哲学・思想・倫理

アダム・スミスの道徳哲学—公平な観察者　D. D. ラフィル 著／生越利昭・松本哲人訳
ISBN978-4-8122-0954-7／Ａ５／上製／192頁／2940円

スピノザの形而上学　松田克進著
ISBN978-4-8122-0936-3／Ａ５／上製／320頁／6300円

デカルトの運動論—数学・自然学・形而上学　武田裕紀著
ISBN978-4-8122-0926-4／Ａ５／上製／212頁／4200円

田辺哲学と京都学派—認識と生　細谷昌志著
ISBN978-4-8122-0828-1／Ａ５／上製／216頁／4200円

教育・心理・社会・民俗

神戸発　復興危機管理60則　金芳外城雄著
ISBN978-4-8122-0946-2／四六／並製／208頁／2100円

ドイツの民衆文化—祭り・巡礼・居酒屋　下田淳著
ISBN978-4-8122-0953-0／四六／並製／272頁／2415円

伝承遊びアラカルト—幼児教育・地域活動・福祉に活かす
西村誠・山口孝治・桝岡義明監修
ISBN978-4-8122-0942-4／四六／並製／128頁／2100円

ライフスキル教育—スポーツを通して伝える「生きる力」
横山勝彦・来田宣幸編著
ISBN978-4-8122-0950-9／Ａ５／並製／176頁／2415円

「セックス・シンボル」から「女神」へ—マリリン・モンローの世界
亀井俊介編
ISBN978-4-8122-0956-1／Ａ５／並製／240頁／2415円

人を活かす組織の意識改革—何が病院を変えたのか　堀田饒著
ISBN978-4-8122-1003-1／四六／並製／176頁／1575円

周縁学—〈九州／ヨーロッパ〉の近代を掘る　木原誠・吉岡剛彦・高橋良輔編
ISBN978-4-8122-1007-9／Ａ５／上製／340頁／2730円

戦争と家族—広島原爆被害研究　新田光子編
ISBN978-4-8122-0923-3／Ａ５／並製／144頁／2310円

遊びの人類学ことはじめ—フィールドで出会った〈子ども〉たち
亀井伸孝編　ISBN978-4-8122-0935-6／四六／並製／224頁／2520円

裁判員と「犯罪報道の犯罪」　浅野健一著
ISBN978-4-8122-0939-4／Ａ５／並製／352頁／2415円

フィールドワークからの国際協力　荒木徹也・井上真編
ISBN978-4-8122-0917-2／Ａ５／並製／296頁／2625円

土地利用図が完成した（口絵1参照）。

この作業と並行し、太平洋地理学研究所を中心に、一九三〇年代のアムール川流域の土地被覆・土地利用図の復元に取り組んだ。二つの異なる時代の陸面状況を比較することで、どれだけアムール川流域の状態が変化したかを知るためである。一九三〇年代後半を選んだ理由は、この時期、日本の陸軍陸地測量部によって満州の地形図・土地利用図が作成されていたからである。精度の点からは現在の地形図・土地利用図におよばないものの、この時期の土地被覆・土地利用状況を知るにはきわめて有益な情報であり、ロシアに残る当時の情報と合わせながら、アムール川流域全域の一九三〇年代における陸面状況を復元することに成功した（口絵1参照）。

変貌するアムール川流域

一八五八年と一八六〇年にロシア帝国と清国の間で締結されたアイグン・北京両条約によって、アムール川以北、ウスリー川以東の地がロシア領となる頃が、アムール川流域の陸面状態が大きく変化を始める最初であった。清朝政府は、オホーツク海へ積極的に進出するロシアに対する対策も兼ねて、もともとモンゴル族、朝鮮族、満州族などの少数民族が居住していたこの地域に、山東半島などの漢民族を移住させる政策をとった。彼らによる荒地の開墾と農地開発が、アムール川流域で起こった最初の大きな陸面改変である。この後、一九三〇年から一九四五年にかけて日本から移住した満蒙開拓移民による開拓、そして戦後、中国が推進した人民解放軍による大規模な開拓、および一九八〇年代に始まる国営農場による湿地の干拓と耕作地の拡大が中国領における大規模な土地利用変化の要因である。

一方、ロシア領においては、森林開発が主たる土地利用変化の原因となった。一七世紀に始まるロシアの極東進出は、上述した二つの条約締結以降、加速する。二〇世紀に入り、軍事的な拠点として重要性を増した極東地域は、ソ連時代を通じて、国内および極東の周辺各国への木材供給地としての役割も果たしていた。ソ連邦の崩壊以降、一九九〇年代に起こったロシアの政治的混乱は、極東の森林管理における混乱をも引き起こし、違法伐採や森林火災による森林地の急激な劣化を引き起こすことにもつながったが、極東ロシアにおける稀少な人口密度は、アムール川と対峙して向き合う中国の土地利用変化に比べれば、ずっと小さく、陸面変化の度合いも小さかった。

アムール川流域のことを考える場合、我々日本人には絶対に忘れてはならないことがある。それはアムール川流域のかなりの部分が、戦前から戦中にかけて、日本が満州国と呼んでいた地域であることだ。一九三一年の満州事変をきっかけとして、当時の大日本帝国は、アムール川以南の地域を占領し、翌一九三二年に満州国の建国を宣言した。そして、太平洋戦争の末期、一九四五年八月にソ連軍が満州国に侵行するまで、満州国は日本の傀儡国家としてアムール川以南のさまざまな開発を行ったのである。その中のひとつ、日本政府が送り込んだ満蒙開拓移民は、アムール川流域の農地開発を大きく進展させることになった。一方、土地を日本からの移民団に奪われた地元住民は、その生活基盤を奪われたことにより、日本人に対し大きな反感を持つことになる。

このような歴史的経緯のある地域で、現地調査を行うことは、共同研究相手の中国側にとってはもちろん、日本人にとっても、大変微妙な問題であった。とりわけ、湿原や森林の耕地化が鉄の流出に影響を与えるというプロジェクトの論点は、戦後、死にものぐるいで食糧増産への努力を続けてきた中国にとって、そしてそれを技術的な側面から援助した日本の農業技術者にとって、なかなか抵抗のある筋立てだったようだ。我々もプロジェクトの趣旨を説明した際に、何度か厳しい意見をいただいた。そのたびに、陸域と海域の統合的な保全を行う意義と必要性を説明したのだが、果たしてどれだけ理解してもらえただろうか。

さて、ここではデータの得られる期間に限ってアムール川流域の陸面変化の様子を見てみよう。

二〇世紀に生じたアムール川流域の土地利用変化

アムール川流域が被った長い間の人為的な陸面改変の歴史において、二〇世紀の変化ほど大きく、かつ急激な変化はなかったであろう。上述した一九三〇年代と二〇〇〇年の土地被覆・土地利用図を比較しながら、この七〇年間に生じた変化とその要因を探ってみたい。

口絵は一九三〇年代と二〇〇〇年の二つの異なる時期におけるアムール川流域の土地被覆・土地利用図である。二〇〇〇年の流域全体を見ると、森林帯が五三・八%、灌木・草原が一八・二%、湿原が六・九%、畑地が一七%、水田が一・三%を占め、残りの二・八%が河川や湖などの水域、市街域、森林伐採地、森林火災地および山岳ツンドラによって占められている。

国別に土地被覆状態を見てみると、ロシアはその領域の六七%が森林によって占められているのに対し、中国は四六%と少なく、モンゴルでは草原が卓越する。一方、中国領の三三%が耕作地で占められるのに対し、ロシアのそれは五%程度に過ぎず、両国間における土地被覆・土地利用状態の違いが顕著に表れている。

一九三〇年代と二〇〇〇年の土地被覆・土地利用状態を比較すると、この七〇年間の間に大きく減少したのは森林（五・五％減）、草地（五・〇％減）、湿原（六・四％減）であった。そして、これらの減少分は、畑地（一〇・三％増）、疎林（二・四％増）、灌木帯（二・六％増）、水田（一・二％増）の増加によって取って代わられた。

果たして、このような変化はどのような社会経済状況を背景に生じてきたものなのか。流域の中でも最も大きな変貌を遂げた中流域の三江平原に着目して見てみよう。

三江平原の土地利用変化

三江平原は黒竜江、松花江、ウスリー川の三つの河川が合流する地域に発達する中国最大の低湿地平原である。総面積一〇八九万haの三江平原は、西に隣接する松嫩《そんねん》平原と共に、黒竜江省の一大耕作地として栄えている。二〇〇五年現在の耕作面積は五八九万ha。そのうち、水田面積は一一四万haに達する。平成二一年の日本の水稲作付面積が一六二万ha（農林水産省「農林水産基本データ集」）なので、三江平原には日本の水田の七〇％に相当する水田が存在することになる。

プロジェクトの中で、三江平原の開拓史と現在の農業経済構造を調べた朴紅さんと坂下明彦さん（共に北海道大学）によれば、三江平原の開発は政治的要素が強かったという。ロシアとの国境地帯に位置しているという地政学的な位置から、中国共産党は一九四七年以降、この地域に国営農場を建設し、「辺境地域の開発」として重点的に進める政策をとった。そして、食糧問題の解決のために、十数万人もの集団帰農した退役軍人や内国移民が開拓にあたることになった。また、一九六〇年代末の文化大革命期には、都市部知識青年の「下放」(強制移住)により農業開発がさらに進展したが、これにはソ連との関係悪化による国境対策という側面もあったようだ。図25に、過去五〇年間の三江平原の土地利用変化を示す。一九五四年から一九七六年に行われた湿地改良による農地開発の進展が著しく、年間平均の耕地面積の増加率は四・九%に達した。

一九八〇年半ばからは、農業生産構造の調整に伴い、国有農場を中心として大規模水田開発が行われ、二〇年間でおよそ一六〇万haの水田開発に成功した。その結果、稲作(ジャポニカ系)はトウモロコシ、大豆に次ぐ基幹作物となった。その背景には、「黒竜江省三江平原商品穀物基地開発計画」があり、水田開発のための治水と農地基盤整備に関わる莫大なインフラ投資がある。また、国営農場への転換に伴い、農業生産の請負制が進み、井戸灌漑一〇haを基本単位とした借地農体制が形成され、市場化の中で稲作機械化を中心とする生産性の向上が図られた点も重要であろう。結果として、この地の土地生産性は著しく向上し、特に三江平原のジャポニカ米は国際競争力があるため、輸出も視野に入れた質的向上が目指されている(柿澤

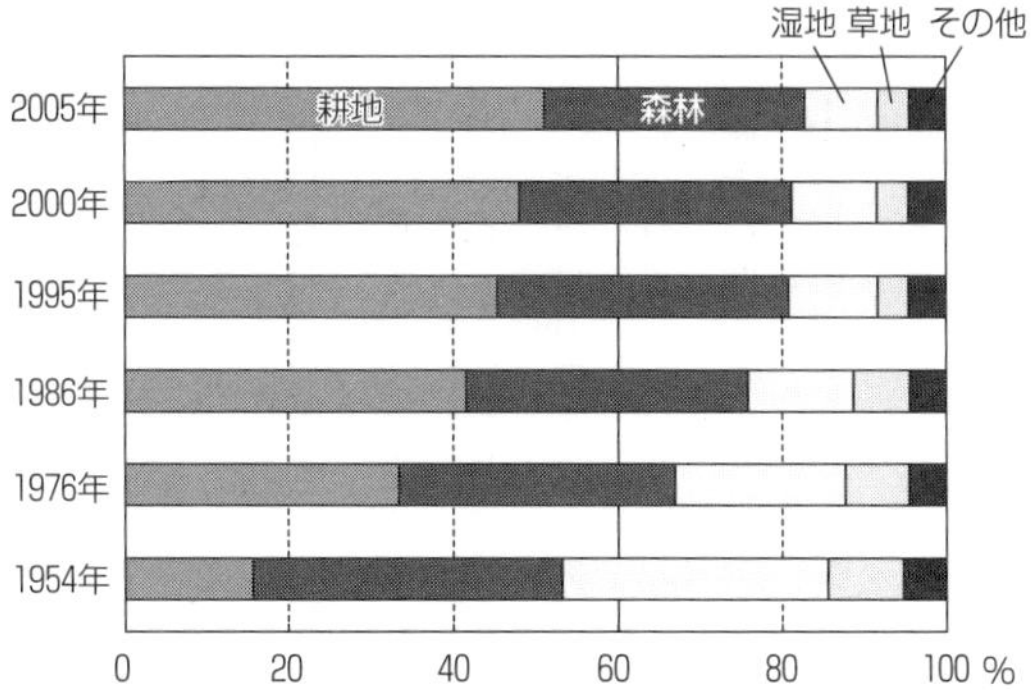

図25　三江平原における土地利用変化の推移

1954〜2005年（柿澤ほか 2009）。

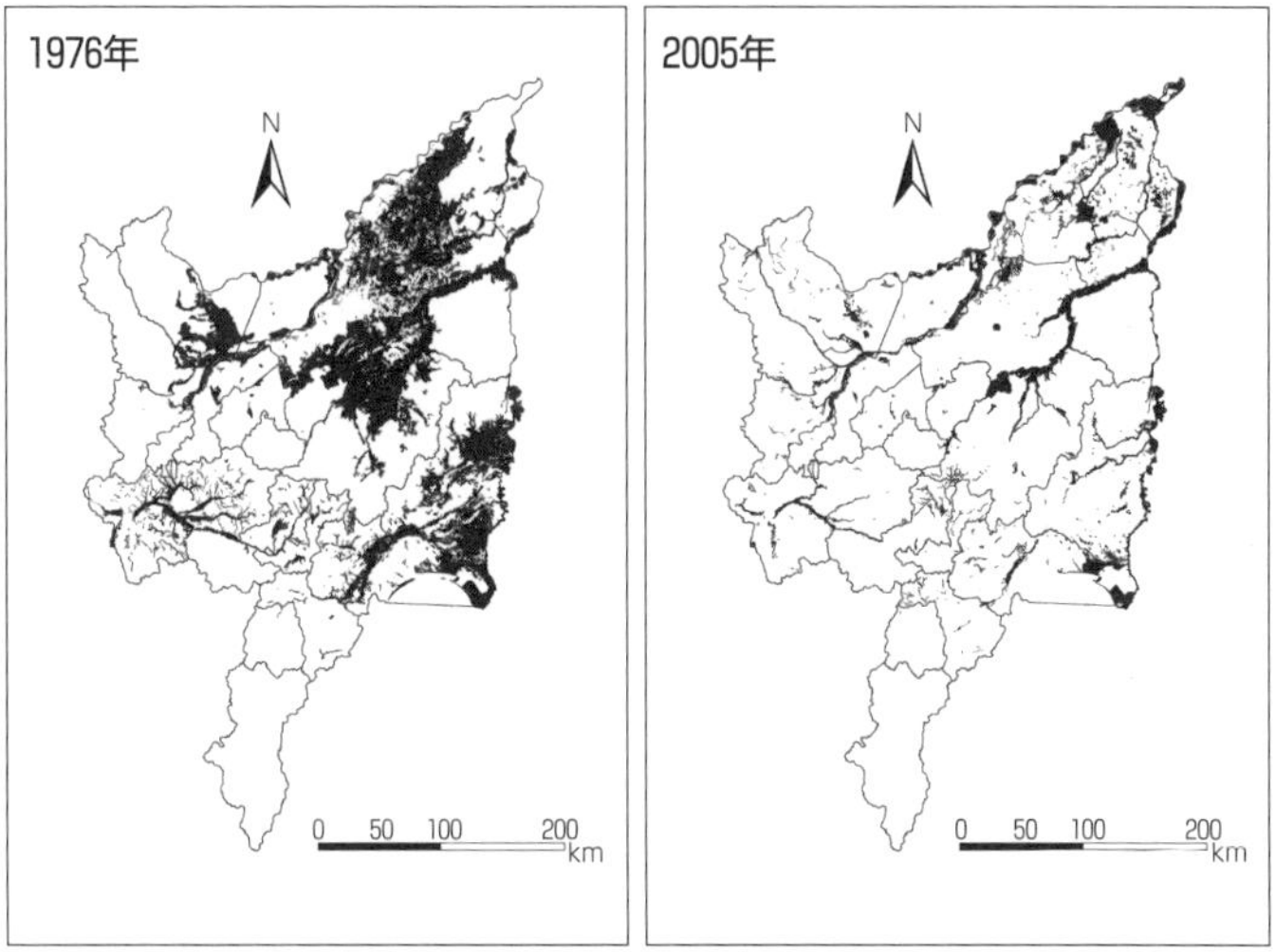

図26　三江平原における湿原分布の変化

（Song et al. 2007）

ほか　二〇〇九)。

一方、三江平原における二〇世紀後半の急速な耕作地拡大は、もともと存在していた湿原を急速に減少させることになった(図26)。ランドサットを利用したリモートセンシングによるデータ解析によれば、三江平原の湿原面積は、二二三万ha(一九七六年)、一三八万ha(一九八六年)、一一七万ha(一九九五年)、八一万ha(二〇〇五年)と、この二九年間におおよそ三分の一に縮小した(Song et al., 2007)。

三江平原では国営農場という一般農村とは異なる生産システムが導入され、さまざまなインフラ投資によって農地基盤が整備され、大規模借地農が形成された。このため、かつては「北大荒」と呼ばれた不毛な大地が「北大倉」へと変貌を遂げ、中国屈指の食糧生産基地として位置づけられるようになった。しかし、他面では湿地開発による生態系への影響は著しく、地下水の顕著な低下が生じている。また、八章で見たように、湿地面積の低下が原因と思われる河川水中の鉄濃度の著しい減少が生じている。

中国政府は、これらの生態学的な影響を鑑み、二〇〇一年に三江平原における耕地開発の全面禁止を決定した。

ロシアの森林開発

ロシア極東域の森林の変化は、柿澤宏昭（北海道大学）さんと山根正伸さん（神奈川県）の調査結果から紹介しよう。先にアムール川流域の森林は、一九三〇年代から二〇〇〇年にかけて五・五％減少したと述べたが、これは土地被覆・土地利用図や衛星データに基づく大局的な解析結果である。より詳細な情報が得られる統計データに基づけば、森林変化の背景が見えてくる。ここでは、一九六六年以降のデータが得られるハバロフスク地方南部について森林の変化とその背景を詳細に見てみたい。

この地方では、一九六六年以降、森林面積は約二五〇〇万haで多少の増減はあるものの、ほぼ横ばいの状態が続いている。一方、原生的森林など高齢林の減少、針葉樹やナラ・タモなどの有用樹種の減少が生じている。齢級別の森林面積の比率を見てみると、一九六六年以降、一貫して高い樹齢の森林が減少していることが見てとれる（図27）。つまり、量的には減少していないが、質的に劣化しているわけである。

劣化が進む主な要因は、森林火災と森林開発である。この地方では、年間平均二〇万haの森林が火災の被害を受けているが、小雨高温など気象的な悪条件が重なると、破局的な大火災が

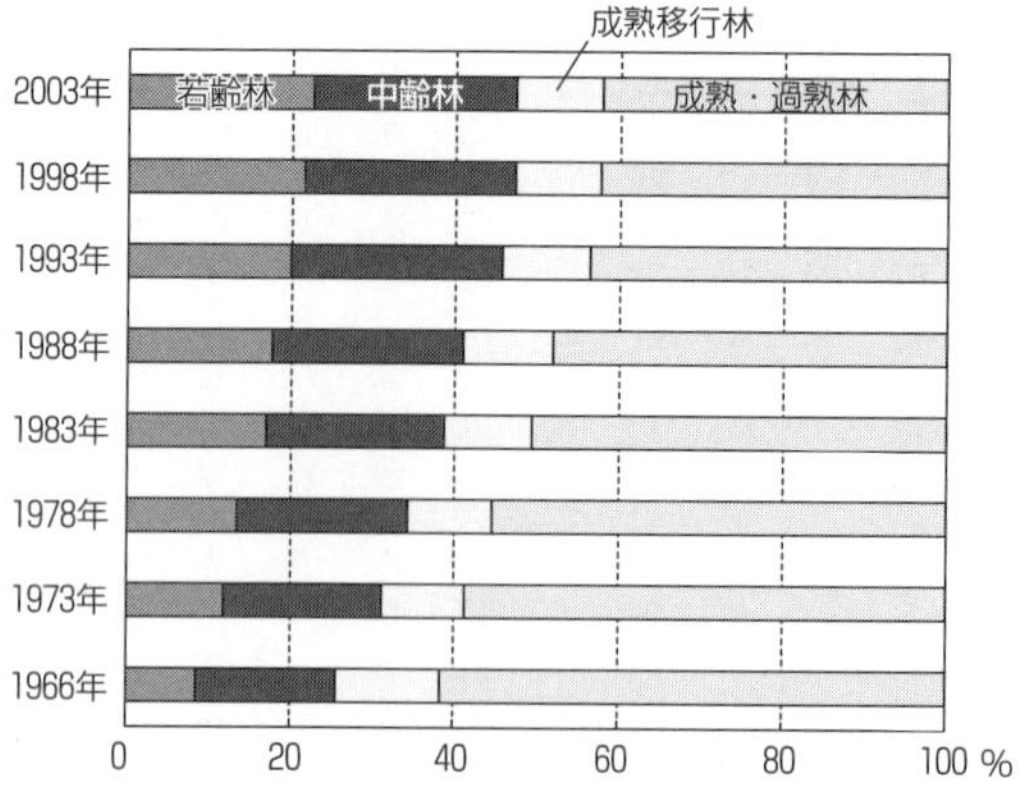

図27　ハバロフスク地方南部における齢級別森林面積の推移

（柿澤ほか 2009）

起きる。最近では一九九八年に大規模な火災が極東地域で発生したが、これは夏期の乾燥条件に火の不始末や野焼きの延焼などの人為的な要因が重なったものと考えられている。

森林伐採は第二次世界大戦後活発化し、一九八〇年代半ばには一五〇〇万m³の水準に達したが、ソ連崩壊後の経済混乱によって四〇〇万m³まで急減した。しかし、一九九八年のルーブルショックに伴う輸出条件の好転に伴い、輸出主導で急速に伐採量を回復させていった。この過程で大きな役割を果たしたのは中国のロシア材の輸入量増加であり、最も多くロシア材を輸入していた日本は、二〇〇〇年に中国にとってかわられた。アムール川流域は、中露木材貿易の中心地域となっており、ロシアから中国に輸出される木材の約八割がこの流域で交易されている。

中国への輸出が拡大した要因は、基本的には中国における木材需要の拡大であるが、一九九八年に始まる天然林の伐採禁止を原則とした「天然林保護プログラム」による天然大径原木供給の大幅な減少による国内需給ギャップの急増が基底にある。このプログラムは、中国政府の推進する「退耕還林還草政策」によることは、いうまでもない。さらに、中国の国境貿易に関する各種優遇措置や税関などの環境整備、国境地帯での木材加工業の発展などが後押ししている。

今後、アムール川流域の森林はどのように変化していくのだろうか？　二〇世紀同様、それは自然条件の変化以上に政治経済的な動向に大きく左右されるであろう。アムール川流域での中露木材貿易は拡大してきたが、二〇〇七年にロシアが国内の木材産業保護のために丸太輸出関税の八〇％への大幅値上げを決定した影響で、丸太から製品輸入への転換が進んだが、全体としては中国でのロシア材離れが進み、貿易の伸びが停止した。これにより、アムール川流域の森林開発はいったん後退したかに見えたのだが、リーマンショックに始まる世界的な経済の落ち込みの影響などを受けて、ロシア政府は二〇〇九年一月に予定していた関税の大幅引き上げを延期した。一方で、中国は天然林保護プログラムの延長や黒竜江省国有林の伐採禁止を打ち出したため、中国向け木材輸出を駆動力とするアムール川流域の森林開発が再び拡大する兆しがある（柿澤ほか　二〇〇九）。

第10章　数値モデルが語る鉄の未来

予防原則と数値モデル

地球温暖化をはじめとする地球環境問題が国際政治の主要課題となった二〇世紀の後半以降、「予防原則」という言葉が広く聞かれるようになった。予防原則とは、環境に対し不可逆的または深刻な影響を与えることが懸念される技術や事象がある時、たとえ科学的な因果関係が十分証明されていない場合でも、その技術や事象が引き起こす影響を最小限に留めるため、これらを規制したり禁止したりする制度や考え方を指す。

このような考え方が発展した背景には、フロンによるオゾン層の破壊や温室効果ガスによる地球温暖化問題に直面した人類が、環境という複雑なシステムが科学的に完全に解明されることを待っていては、往々にして問題が手遅れになってしまうという危機感を持つにいたったからである。

一方、予防原則という考えが市民権を持つにいたった背景には、地球や環境を対象とした数値モデル研究が急速に発展したという近年の状況も忘れてはならない。さまざまな不確実性を抱えながらも、我々は既存の知識と高速なコンピューターを駆使して、気候や環境の未来を予言や想像ではなく、ある程度、客観的な方法によって見通すことが可能な時代に生きている。たとえその未来が限りなく不確実な性格を持っていたとしても。

鉄を介してアムール川流域とオホーツク海や親潮が物質的につながっており、その鉄がこれらの海域の植物プランクトン生産を支えていることを現地観測から明らかにした今、その鉄の量が変化したら、オホーツク海や親潮にどのような影響が出るのであろうか。誰でもこんな疑問を抱くに違いない。そしてこの疑問は、アムール川から流れ出る鉄はこれからどう変化するのであろうかという疑問と一緒になって、プロジェクトの大きなテーマとなった。

我々は、まず海から考えることにした。

海に鉄を流す

誤解を招く表現かもしれないが、水や物質の流れを数値モデルで扱うには、陸より海の方がずっとやさしい。その理由は、海が空間的にも時間的にもかなり均質な海水でできているのに対し、陸地はずっと複雑な構造を持っており、水の流れも不均一だからだ。また、オホーツク海の流れについての理解は、我々がプロジェクトを始める前に、北海道大学の研究者らによって大きく進められていたので、まずは取り組みやすい海の問題から開始することにした。

プロジェクトで、この問題を担当したのは岸道郎さん（北海道大学）のグループである。海洋生態系の数値モデル研究を主たる研究テーマとしていた岸さんらは、プロジェクト第一号の学術論文として、「オホーツク海における鉄を導入した低栄養段階生態系モデル」を早くもプロジェクト三年目の二〇〇七年に発表した。この論文の要点はこうだ。

「従来、考慮されていなかった植物プランクトンの生産に必須の鉄を四つの起源から供給されると仮定した。それらは、①アジア内陸部から大気を通じてオホーツク海に流入する鉄、②アムール川から流入する鉄、③海底の堆積物から溶出する鉄、④動物プランクトンやバクテリアによって再生産される鉄。従来の鉄を考慮しない低栄養段階生態系モデルと、鉄を考慮した低栄養段階生態系モデルの両方を用いて、オホーツク海における一年間の硝酸塩濃度を計算したところ、鉄を考慮した場合、実際の測定値とよく一致した。春の植物プランクトンの大発生時における主要な鉄の起源は大気にあり、アムール川やその他の起源からの鉄の貢献の度合いは低く、オホーツク海の基礎生産にとっては、大気からの鉄と海底の堆積物から溶出する鉄が大きな役割を果たしている」(Okunishi et al. 2007: 2080)。

岸さんらのグループからこの報告を聞いた時、数値モデルの結果と九章までに紹介した現地観測から得られた結果が食い違うことに戸惑いを覚えた。現地観測の結果、オホーツク海や親潮においては、従来重要視されていた大気起源の鉄に比べ、これまで注目されていなかった河川が供給する鉄こそが重要であるという結論が出ていたからである。

しかし、モデルの詳細を岸さんから聞くにつれ、モデルの結果と現地観測が食い違う理由が次第にはっきりとしてきた。その理由は大きく分けて二つある。ひとつは、岸さんらがモデルの計算に使用したアムール川が輸送する溶存鉄の総量が、観測結果に比べてずっと小さかったこと。岸さんらの用いた推定値は、プロジェクトの初期に得られた値であり、その後の観測でずっと多くの量の鉄がアムール川からオホーツク海に運ばれていることが判明した。これに加え、岸さんらの計算ではアムール川からオホーツク海に運ばれる溶存鉄の九九%が河口で凝集して沈殿してしまうと仮定されたが、実際の観測ではこの値が九〇%程度であることが判明した。この違いも、オホーツク海にアムール川が運ぶ鉄の量を大きく増やすことに貢献している。

もうひとつの大きな違いは、岸さんらの用いた海洋循環のモデルは、海氷生成に伴って作られる鉛直循環が考慮されていない点である。五章で見たように、この鉛直循環が作り出す中層水こそがアムール川流域起源の鉄を遠く親潮域まで輸送する原動力であり、このプロセスが考慮されていないモデルにおいて、河川起源の鉄の役割が過小評価されたことは当然のことであった。

それではモデルを改良すればよいかというと、ことはそう簡単ではない。中層水の循環をモデル化することは、それ自体が、壮大なプロジェクトになりうる話である。事実、三寺史夫さん（北海道大学）はこの問題に精力的に取り組んでおり、我々のプロジェクトにも協力してくれたのだが、残念ながらプロジェクトの終了までにモデル化を完了することができなかった。アムール・オホーツクプロジェクトでは、岸さんらによって作られた低栄養塩段階生態系モデルをひとつの成果とし、これ以上の進展は将来のプロジェクトに託すことにしたい。

しかし、岸さんらの努力によって、鉄が低栄養塩段階生態系モデルに組み込まれ、鉄の存在がオホーツク海の基礎生産を確かに変えうるという結果が得られたことは、我々に大きな勇気を与えてくれた。

陸地の鉄

アムール川流域からの鉄の流出に関するモデル作成は、海に比べてはるかに難しいと思われたが、やはり、プロジェクトが始まって一年経っても、まだ解決の目処さえ立っていなかった。オホーツク海や親潮域での海洋観測については、北海道大学を中心に多くの知識と経験が蓄積されていたが、アムール川流域についてては研究の蓄積もなかった。ましてや一部を除き、現地の研究者とのネットワークさえなかったのが、プロジェクトの開始期の状況であった。三章でくわしく書いたように、プロジェクトの最初は、このネットワーク作りから始まった。

現地の状況も次第にわかり、現地の人たちが我々のプロジェクトに対して理解を示してくれるようになった頃、大西健夫さんがプロジェクトに加わることになった。大西さんの専門は水文学。水田の水を扱う研究で学位を取得した大西さんは、日本の水田とはまったく異なるスケールの問題に一から取り組むことになった。

あくまでも一般的な話であるが、数値モデルに取り組む研究者は、現場を十分知らないことが往々にしてある。この傾向はいい面と悪い面を持っている。現場を見ると、現実に目の前で起こっている複雑な事象を知ってしまうあまり、必要以上にモデルが複雑になって、結局はいいモデルができないというジレンマが起こりえる。基本的な事柄だけを単純に組み込むモデルの方が、起こっている事象の本質を捉えているケースが多いのが、この世界の特徴である。もっとも、現地を見ないために、まったくナンセンスな取り扱いをモデルの中で行ってしまうことも起こりうる。モデル研究者にとって、現地で起こっていることをよく知ることは両刃の剣であり、研究者のセンスが問われる部分であろう。

大西さんの場合は、幸か不幸か現地の情報がまったくない状態でのスタートであったので、好むと好まざるとにかかわらず、現地での観測とモデル構築の両方を並行して進めていくことになった。いわば車の両輪のようなものである。現地の観測で得たアイデアをモデルに取り込み、モデルを作る上で必要になった知識を現地観測の計画に盛り込むといった具合である。

図28は大西さんが構築したモデルの概要である。モデルは、水循環を記述する水文モジュールと溶存鉄の生成プロセスを記述する生物地球化学モジュールの二つから構成される。水文モジュールでは、アムール川流域全体を一㎞四方の正方形（グリッド）に分割し、それぞれのグリッドにおける流出量が地表流出と地下流出の二成分として計算される。二つの流出成分はそれぞれに異なる遅れ時間をともなって河川水を構成し、標高の高いところから低いところへと順次流下し、各グリッドからの流出量が足しあわされていく。最終的にはアムール川本流を形

成し、オホーツク海に流れ去るように計算される。

水文モデルは、降水・日射・気温・風速・湿度といった気象データを入力することによって、各グリッドの流出量が計算される。この計算の過程では、土壌の水による飽和度も計算される。土壌が完全に飽和した状態が維持される時間が長いほど、土壌の還元的な状態は強くなるため、飽和度と飽和が継続する時間は、還元状態の指標となる。もうひとつ、流域の標高データを用いて計算される地形指標がある。この指標は、等高線の単位長さあたりの集水域の面積とその地点における地形の傾斜の比をとったものであり、地点ごとの湿り具合を表す指標である。

生物地球化学モジュールでは、ここに取り上げた飽和度、飽和継続時間、地形指標を溶存鉄濃度を決定する三つの重要な要素と考えた。最終的には、水文モジュールで計算される流量と、生物地球化学モジュールで計算される溶存鉄濃度を掛け合わせることにより、溶存鉄フラックスを計算する仕組みである。

このようにしてアムール川流域からオホーツク海に輸送される溶存鉄フラックスを計算するモデルを大西さんは組み上げた。実際のデータとモデルの計算結果を照合したところ、アムール川の流量については日単位での再現は難しいが、月単位程度であればかなりよい精度でモデルが実測値を再現できることを確認した。また、溶存鉄フラックスに関しては、年間フラック

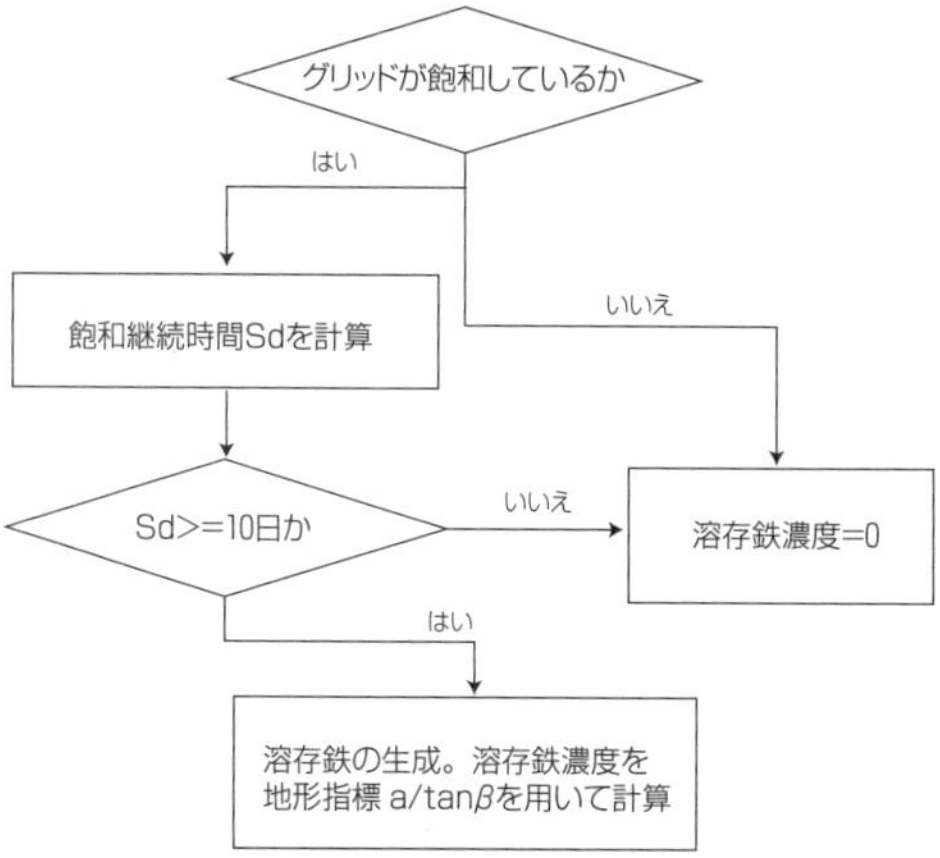

溶存鉄濃度計算アルゴリズム

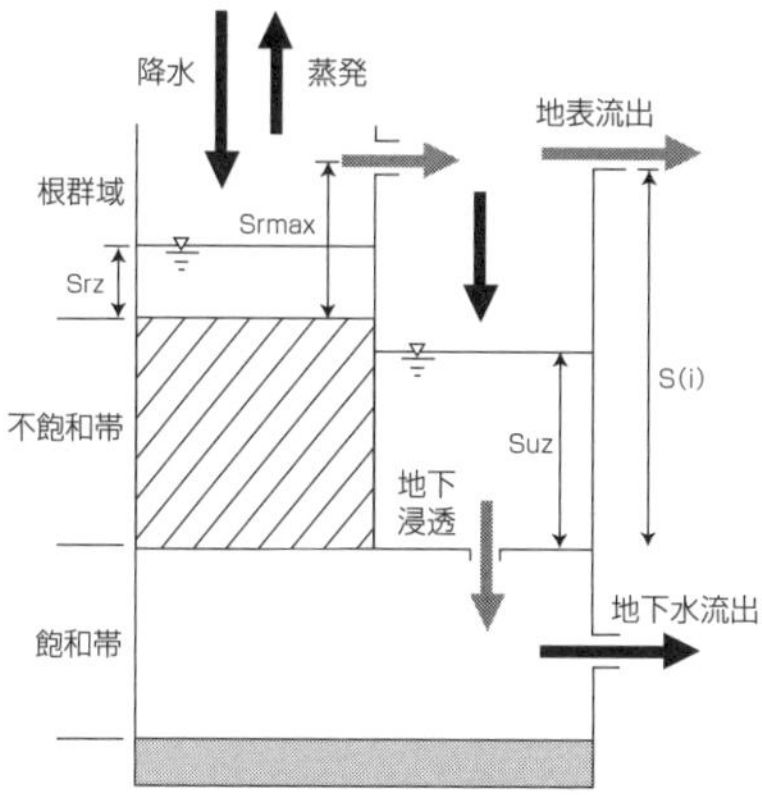

水文モジュールの基本要素

図28　アムール川流域の溶存鉄フラックスを
シミュレートする水文モデルの概要
（大西・楊 2009）

スの見積であれば可能であることも確認した。かくして、大西さんの不断の努力によって、我々はアムール川流域からオホーツク海に流出する溶存鉄の総量を計算できるツールを手にしたのである。

将来のシナリオ

八章と九章で見たように、一九三〇年から二〇〇〇年のかけての七〇年間、アムール川流域では急速に陸面の状態が変化した。図29は、これらの変化の量を陸面の状態ごとに整理したものである。森林は面積的に見る限り、変化はほとんど起こっていない。もちろん、九章で述べたように、ここでは質的な変化を考慮していないことに注意しなければならない。アムール川流域の森林は、商品価値の高い広葉樹の大径木を中心とした伐採や、頻発する森林火災によって質的には大きく劣化していることが、柿澤さんらの研究でわかっている。面積が大きく変化したのは、草地（五・四％減）と湿地（六・四％減）である。これらの減少は、畑（一〇・三％増）と水田（一・二％増）の増加によって取って代わられた。森林の質的変化をもたらす森林火災も、湿原の減少も、共に溶存鉄の生成にとって大きな影響を与えうるであろうことは、八章と九章の現地での観測結果から明らかである。

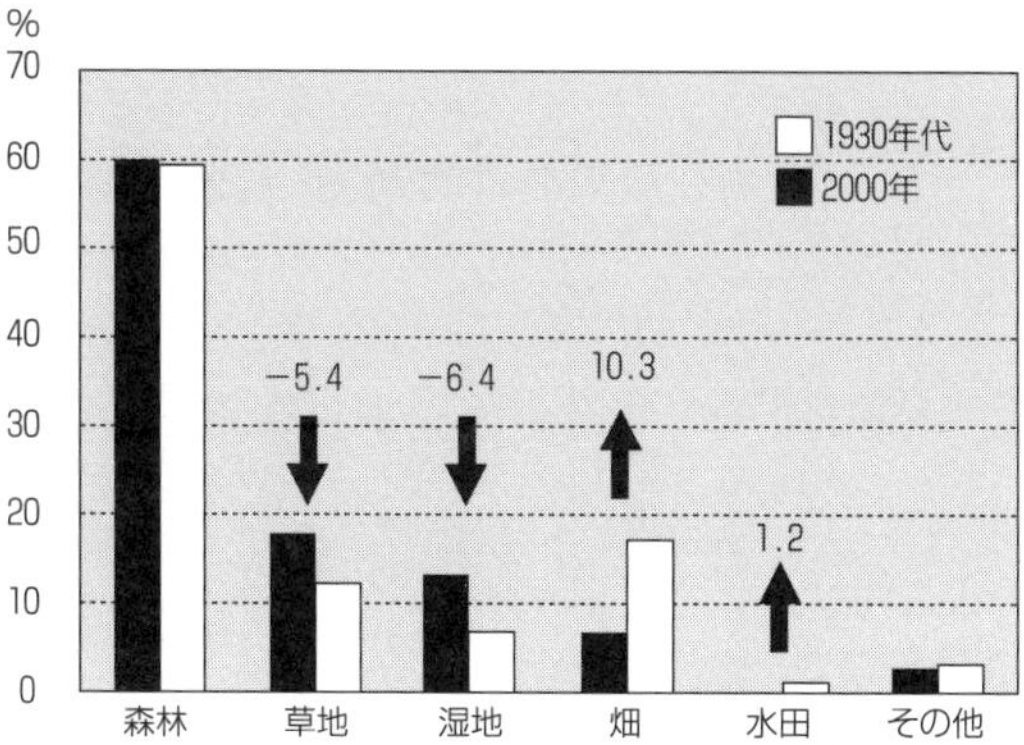

図29　1930年代と2000年の土地利用の比較

（大西・楊 2009）

アムール川流域では、いったい、これからどの程度の陸面変化、あるいは土地利用変化が起こり、その結果、どれだけの溶存鉄の流出量が変化するのだろうか。この問題は、我々が明らかにしたように、アムール川流域からもたらされる溶存鉄によって維持されているオホーツク海と親潮の基礎生産の高さにとって、死活的に重要な問題である。

とはいえ、アムール川流域の土地利用変化を予測することは、きわめて困難である。九章で見たように、土地利用変化をもたらす要因は、自然的要因と人為的要因に分けられるが、これらの要因の背後には多くの要素が複雑にからみあっており、これを予測する方法がないからである。

この問題を担当した大西さんは、複雑で根拠のない計算をするよりは、問題をより簡単にとらえ、シナリオに沿って鉄がどのように変化するかを数値モデルで計算することにした。そのシナリオとは、溶存鉄の流出にとって最も重要な陸面である湿地と森林が干拓や火災によって変化した場合を考えるというものである。

図30はアムール川流域の河口付近、および五つの支流域ごとの溶存鉄流出量を数値計算によって求めたものである。それぞれの図においては、二〇〇〇年の溶存鉄流出量を一とした相対的な値で記している。まず、アムール川流域の人為的活動がより小さかった一九三〇年の値、そして、仮想のシナリオとして、湿地が今よりも五〇％（①）あるいは一〇〇％（②）減少した場合の値、そして森林の一〇％（③）あるいは三〇％（④）が森林火災を受けた場合の値をそれぞれ計算した。

どの計算結果においても、湿地の寄与が大きいことがわかる。湿原の面積が今よりもはるかに多かった一九三〇年代には、今より二〇％多い溶存鉄がアムール川からオホーツク海に運ばれていた。そして、もし今ある湿地のすべてがなくなるという極端なシナリオを設定すると、溶存鉄フラックスは現在より二〇％減少する。

本流だけではなく、アムール川の各支流を比較すると、一九三〇～二〇〇〇年にかけての計算では、松花江流域で最も大きな溶存鉄フラックスの変化が起こったことがわかる。これはまさに、三江平原の湿地干拓の影響を示している。一方、森林火災の影響は湿地の減少ほどには溶存鉄フラックスに与える影響が大きくないことが判明した。これは、森林で生成される溶存

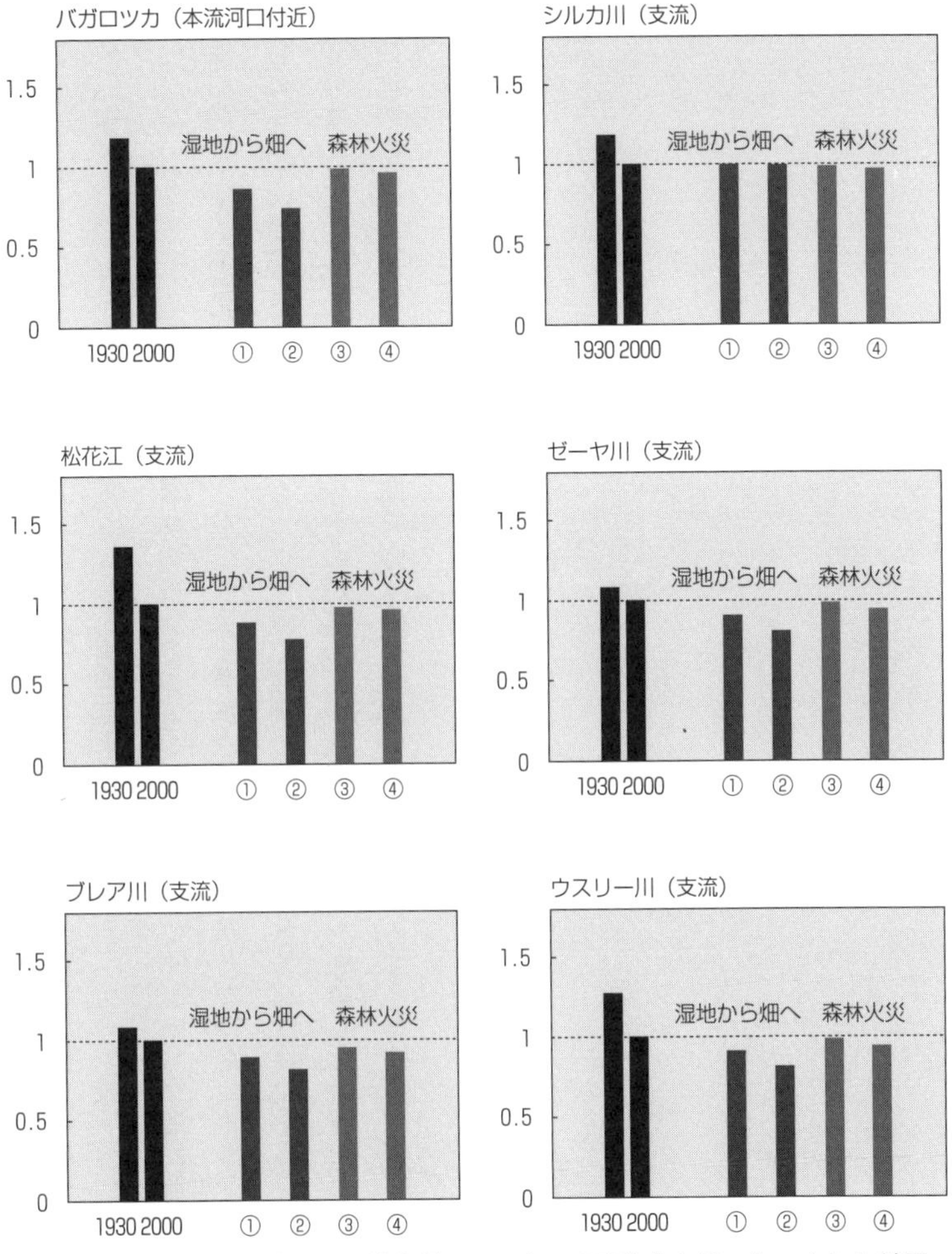

図30　土地利用の変化による溶存鉄フラックスの変化をシミュレートした結果

（大西・楊 2009）

鉄濃度が湿地に比べて低いことによる。ただし、アムール川流域の森林面積はそもそも広大なため、森林火災が溶存鉄フラックスに与える影響は無視できない。

このようにして、湿地の干拓や森林の変化がアムール川を通じてオホーツク海に運ばれる溶存鉄の量を大きく変化させうることが、数値モデルによって明らかとなった。オホーツク海に運ばれる鉄が変化することで、オホーツク海や親潮の基礎生産がどの程度変化するかは、残念ながらまだ研究の途上である。三寺さんが進めている中層水循環を考慮した海洋モデルの完成も間近いため、近い将来、この問題を定量的に議論できる日が来ることを確信している。

第11章 魚附林《うおつきりん》と巨大魚附林《きょだいうおつきりん》

魚附林

二〇〇五年八月、プロジェクトの原点を確認するように、私たちはえりも岬に立っていた。日高山脈が太平洋に没する南端の岬である。このクロマツやカシワの生い茂るえりも岬も、かつて見渡す限りが沙漠であったという。案内してくれた北海道森林管理局日高南部森林管理署えりも治山事業所の主任篠塚香里さんは、この地で行われた壮大な緑化事業と、その結果としてもたらされた漁場の復活のドラマを話してくれた。いったい、えりも岬で何が起こったのだろうか。

写真21　えりも岬の魚つき保安林

かつて、カシワやミズナラ、ハルニレなどを主とする広葉樹に覆われたえりも岬は、アイヌの人々に森の恵みを与え、隣接する海からはコンブや魚貝類を与える豊穣の地であった。この地に和人の入植が始まったのは明治初期。急速な人口増加は、燃料を得るため広葉樹の伐採を引き起こし、これに牛馬と綿羊の放牧地の開拓が重なって、えりもの森は急速に失われていった。明治一三年に帯広地方で起こったバッタの大発生は、この瀕死の森に強烈な一打を浴びせることになったという。そして、えりも岬は沙漠になった。

太平洋に突き出たえりも岬は、沖を寒冷な親潮が流れ、寒冷かつ強風が吹くことで有名である。いったん森林が消失すると、火山灰を起源とする表層土壌は容易に植被されず、激しい土壌浸食が生じるようになった。風で舞い上がった土壌は隣接する海に落ち、沖合一〇km付近までが飛砂によって黄色く濁っていたという。そして、この飛砂は、沿岸で繁茂していたコンブの着床を妨げ、コンブが減るとコンブに依っていた沿岸生態系が崩壊した。森林の消失が沿岸生態系の破壊につながる明瞭な事例であった。

森林と漁場を失い、地域社会も崩壊の危機に直面したえりもを救ったのは、太平洋戦争の前後から官民の協力で行われた緑化事業であった。厳しい気候に翻弄されながらも、さまざまな試みを続け、えりも岬の森は、今、私たちの見ている姿に変わったのだ。現在、えりもの海は北海道の中でも上位の生産性を誇っている。

沿岸域の海洋生態系は、その場の環境はもちろん、沿岸に隣接する陸域の環境、とりわけ、森林の状態に大きく影響を受ける。日本人にとって、一見自明のように聞こえるこの考えは、実はそれほど世界で認められている考えではない。若菜博さん（室蘭工業大学）の研究によれば、その起源は江戸時代の始まりまで遡る。一六二三（元和九）年には佐伯藩（大分県）で、魚肥として重要であったイワシの保全のために、漁業育成策の一環として、山焼きや湾内の小島の草木の伐採が禁じられた例が報告されている。また、江戸時代の中期には、サケの保護を目的に、岩手県や新潟県において山林の保護が藩の政策として実施されていた。

沿岸生態系に影響を与えるような森林や林を、我が国では「うおつきりん」と呼ぶ。魚附林、魚付林、魚付き林などと表記される。狭義の魚附林は森林法に定められる「魚つき保安林」を指し、全国に約二・八万ha（平成八年）の面積を持ち、主として海岸線に沿って制定されている。その期待される機能としては、河川および海域生態系に対する①栄養塩供給、②有機物供給、③直射光からの遮蔽、④飛砂防止、が挙げられている。いっぽう、広義の魚附林は、海域の生態系に対し、そこに流入する河川流域全体の森林や湿地といった陸面環境を指す。この場合の魚附林の機能には、上記の四点に加え、⑤微量元素供給、⑥水量の安定化、⑦土砂流出安定化、⑧水温安定化などが期待されている。

沿岸域の海洋生態系に対し、魚附林が果たす役割を科学的な手法によって解明しようという試みは、二〇世紀初頭の遠藤吉三郎さん（札幌農学校（現北海道大学））による「磯焼け」の原因をめぐる研究が最初とされる。磯焼けとは、沿岸海域に生息する海藻の死滅現象をいう。遠藤さんの唱える磯焼けの原因説は、上流域の山地荒廃に伴う河川から沿岸域への淡水供給の増大と、結果的に生じる塩分減少であった。その後の研究でこの考え方は否定されることになるが、実証的な最初の研究であった。

一九三〇年代になると、犬飼哲夫さん（北海道大学）が北海道厚岸湾におけるカキの減少の原因を、上流の根釧台地の森林伐採に伴う土砂流出の増加に結びつけた。この研究が契機となり、根釧台地のパイロット・フォレスト事業が着手され、結果として厚岸湾のカキが復活したといわれる。

一九八〇年代になると、前述したように、河川が供給するフルボ酸鉄の役割が松永勝彦さんによって唱えられるようになる。光合成に必須の元素である溶存鉄は、海洋中の濃度がきわめて低く、河川によって陸域から供給される鉄が海洋の植物プランクトンや藻類にとって重要である。しかし、河川流域の森林が荒廃すると、鉄を溶存状態のまま海洋に輸送するために必要な腐植物質であるフルボ酸が減少するため、結果として鉄が減少し、これが原因となって磯焼けが起こるという考えである。磯焼けの原因については、その後、谷口和也さん（東北大学）によってウニなどの植食動物の摂食圧を含む生態学的なダイナミズムによるとする仮説が出され、現在ではその原因をさまざまな要因の複合によるものとする考えが一般的となっている。

地球環境問題としての魚附林をめぐる特徴のひとつは、その重要性に関する科学的な実証作業と平行して、保全のための実践が利害享受者（ステイクホルダー）たちによって活発に行われてきた点にある。松永仮説は、当時、二〇〇カイリ問題で沿岸域の漁業に活路を見出さざるをえなかった北海道や東北の漁業者によって支持され、漁業者による内陸森林の保全という社会運動を理論的に支えることになった。柳沼武彦さんが指導した一九八八年に始まる「お魚殖やす植樹運動」、一九八九年の畠山重篤さんによる「森は海の恋人」と名づけられたカキ再生のための植樹運動が、その代表例である。上流域の森林が沿岸域の魚類やカキに与える影響を体験的に知っていた漁業従事者自身が運動の先頭に立ち、上流域の森林で植林活動を展開したのがこの運動の特徴である。

この動きは、研究者に対し、解明されていない森と川と海の生態学的なつながりに関する研究を促し、二一世紀初頭にさらなる研究を活発化させた。田中克さん（京都大学）が呼びかけて始まった森里海連環学は、従来の魚附林思想に代表される森と川と海の関係を、人々の居住圏としての里に拡充して人の役割を強調している。京都大学が中心となって進める森里海連環学は、大学生の野外教育を重視しつつ、現場での実践を通じて、科学に立脚した森と里と海のつながりの大切さを広めようとしている。

また、柳哲雄さん（九州大学）は、人の手が加わることにより、生産性と生物多様性が高くなった沿岸海域を「里海」と定義し、里山に対置される概念として人と沿岸域のつきあい方に対して議論を投げかけている。

巨大魚附林としてのアムール川とオホーツク海・親潮

魚附林の考えに立って、今一度、アムール川とオホーツク海・親潮のつながりを捉え直してみよう。本書を通じて見てきたように、アムール川流域から生み出される溶存鉄が、アムール川を通じてオホーツク海や親潮の植物プランクトンに利用されている。これは、まさにアムール川流域が、オホーツク海や親潮の魚附林であることを意味している。

ただし、日本で育った魚附林という考えが、小さな流域と沿岸域を対象とした考えであるのに対し、私たちの発見したアムール川流域とオホーツク海・親潮とのつながりは、大陸と外洋を対象とする鉄を介した物質循環と生態的なつながりである。一見、両者の違いは空間的なスケールの違いだけに見えるが、そこには大きな違いがある。それは、科学者の間に厳然として共有されている「汽水を越えて陸域の物質が遠くまで運ばれることはない」という常識である。

七章で述べたように、淡水と海水が混合する汽水域は、河川から運ばれるさまざまな物質を凝集という形でろ過してしまう場所である。このため、陸起源の物質が汽水域を越えて遠く外洋まで輸送されることは科学者の常識からは考えにくい。これに反し、アムール川とオホーツク海の間では、海氷によって形成される中層水が存在することにより、この常識が当てはまらない。

誤解を恐れずにいえば、アムール川とオホーツク海・親潮の間で立証された鉄の輸送機構は、大陸と外洋の物質的・生態的な結びつきを立証した世界で最初の研究であり、従来の魚附林という考えとは一線を画す概念として捉えるべきであると考える。このため、この新しい陸と海の環境システムを「巨大魚附林」という名前で呼びたい。魚附林という用語を使う背景に

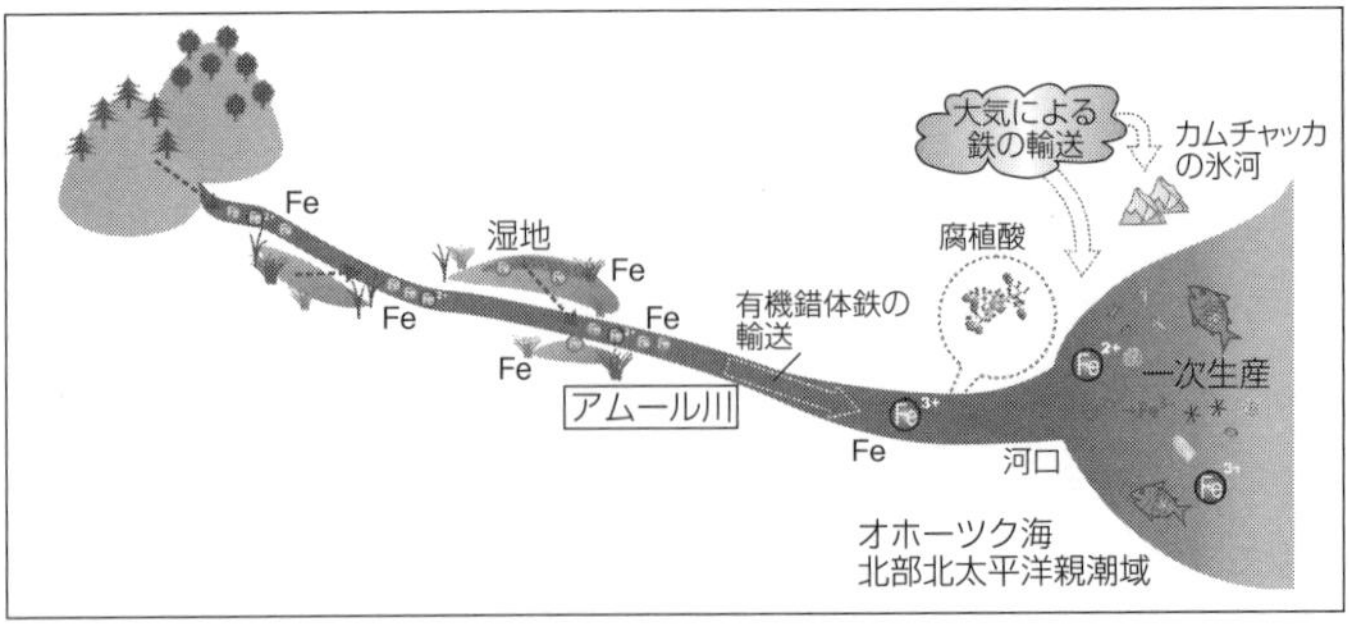

図31　巨大魚附林の概念図

は、流域環境と沿岸の生態系が密接に結びついていることを経験的に看破していた日本の先人たちの慧眼への敬意がこもっていることはいうまでもない。

一方、厳密に見ると、アムール川流域の中で、最も濃度の高い溶存鉄を供給する場所は、森林というよりも湿原であることを見てきた。湿原は、常に地下水位が高く、そこではバクテリアによる植物遺体の分解が起こるので、酸素が消費される。このため、湿原は常時酸素の少ない還元的な状態にある。この還元状態こそが、土壌や岩石中に含まれている鉄を二価鉄・三価鉄として水中に溶出させる。このようにしてできた溶存鉄は、水中に豊富に存在するフルボ酸を代表とする腐植物質と錯体を形成し、腐植物錯体鉄という形でアムール川を通じて海に運ばれている。

では、森林は鉄の溶出にどのような影響を与えているのであろうか。八章で紹介したように、森林地帯を流れる河川中の溶存鉄濃度は、湿原の濃度に比べてかなり低い。この原因は、森林地帯においては、湿原ほどに還元的な環境が存在しないためである。湿原に比べて地下水位の低い森林地帯は、豊富な腐植物質が存在しているにもかかわらず、腐植物質と錯体を作るための二価鉄・三価鉄の濃度がそもそも低いのである。このため、山岳地帯の森林を流れる河川の溶存鉄濃度は一般的に低くなっている。

以上のような事実により、巨大魚附林という用語は、我々の発見したアムール川流域とオホーツク海・親潮のつながりには不適切ではないか、という意見がある。むしろ、それは巨大魚附「湿地」と呼ぶべきではないのかと。これはある意味、的を得ていると思う。しかし、私は以下の三つの理由により、アムール川流域とオホーツク海・親潮の結びつきは、やはり巨大魚附林と呼ぶべきではないかと思っている。

まず第一に、湿原はなぜ湿原たりえるのか？　ということを考えねばならない。アムール川流域の湿原がどこにあるかを見ると、それはほぼ例外なく、アムール（黒竜江）川本流沿い、あるいは支流のゼーヤ川、ブリヤ川、松花江、ウスリー川の流路沿いに発達する。つまり、アムール川流域の湿原は、アムール川水系の氾濫源に広がっている。梅雨期と春の融雪期の二回、アムール川は洪水を起こす。この時に氾濫する水が、湿原の主な涵養源となっている。これらの河川氾濫は、隣接する森林域から供給される流出と、河川流路を通じて上流域から供給される流出によって規模が決まるのだが、いずれにしても、湿原以外の陸面被覆状況に大きく影響される。アムール川流域では、流域の五〇％程度が森林によって占められているので、流域の七％弱の湿原の存続が、森林地帯の状態に大きく依存していることは間違いない。つまり、アムール川流域の湿原は、森林の存在ぬきでは語ることのできないものなのである。

第二は、一〇章で紹介した数値モデルによる計算の結果から明らかであろう。単位面積あたりの溶存鉄濃度が低くとも、総面積の大きな森林地帯は、流域単位で見ると、巨大な溶存鉄の供給源である。森林火災によって溶存鉄濃度が減少することはデータによって明らかであるので、流域の森林が流出する溶存鉄の総量に与える影響は無視できない。

第三の理由は、やはり日本で発達した魚附林という考え方にこだわりたい。一八九七年に制定された（旧）森林法に始まる「魚つき保安林」は、現在でも各地に存在し、その総面積は平成八年の林業統計要覧によれば二万八六九四ha、九三〇〇ヶ所であった。単純に計算すると、一ヶ所あたりの平均面積は三・一haとなり、沿岸の環境に影響を与える面積としては実に心許ない。このような小さな森や林が沿岸の海洋生態系に影響を与える場合を考えると、直接に影響を与える効果としては、この章の最初に述べた八つの効能のうち、直射光からの遮蔽と飛砂防止くらいしか期待できない。

しかし、そもそもの魚附林という考えは、このような限定的なものだったのだろうか。魚附林が日本でどのように環境概念として発達してきたかを文献によって丹念に追跡している若菜博さんは、一九三〇年代に厚岸のカキの減少の原因を考察した犬飼哲夫さんの魚附林に対する考え方を紹介している。犬飼さんは「従来魚附林として保存されていた海岸の森林は勿論一部は魚附の意義を有するが、それより寧ろ広く沿岸水域を支配する河川の水を調整し水族を保護するものは内陸奥深く存在する山林の方が重要で、わが国の山林全部が魚附林であるのである」（若菜　二〇〇四：五三頁）と述べたそうだが、これはオホーツク海・親潮に対して、アムール川全流域の森林と湿原を含む総体的な環境こそが重要であるという我々の考え方に近く、それゆえ、アムール川流域の五〇％を占める森林を湿原同様に重要視したいと考えているのである。

極東の島国に住む私たちの祖先は、台風や地震、豪雨や豪雪といった厳しい自然をその知恵と忍耐で克服し、森と海の豊かな恵みを上手に活用しながら生活を営んできた。物事を無駄にすることを嫌う「もったいない」という言葉がMOTTAINAIとして国際的な環境キーワードとなり、循環と再利用を体現した里山と呼ばれる日本の固有の景観はSATOYAMAとして生物多様性条約における日本が示す未来への指針として国際的に認知されるようになった。私たちは、アムール川とオホーツク海・親潮のつながりを知ることで、先人が積み上げた知である「魚附林＝UOTSUKIRIN＝Fish-Breeding Forest」を、日本が世界に向けて発信する価値ある環境概念として、ここに再提示したいと考えている。

巨大魚附林をめぐる現状

プロジェクトの準備を開始した二〇〇二年夏から終了の二〇一〇年三月の七年半という期間は、さまざまな点でオホーツク海に日本と世界の耳目が集まった期間であった。以下、思いつくだけの出来事を記してみる。

●二〇〇五年七月、関係者の長い間の努力が実り、知床が世界自然遺産に認定された。日本の国立公園であった知床が世界遺産に認定されたことは、その価値が世界的に認められた一方、世界に対して保全を公約したことでもある。

●その知床の上流、アムール川の支流にあたる松花江（ロシア名・スンガリー）河岸の石油化学コンビナートで、二〇〇五年一一月一三日午後、爆発事故が起き、一〇〇トンのベンゼンとニトロベンゼンが松花江に流出した（UNEP 2006）。不幸なことに、事故の事実は一〇日間にわたって隠蔽され、下流にある大都市ハルビンでは飲料水をめぐるパニックが引き起こされた。松花江を流下した汚染物質は一二月二二日頃、アムール川本流のハバロフスクに到達した。その後、凍結期に入ったため、汚染物質の挙動の観測は困難となった。流下途上の揮発と吸着によって河川水中の濃度は減少したが、その長期的な影響についてはよくわからない。鉄の流れで見たとおり、アムール川が輸送した物質は、オホーツク海に流入する。

●松花江の汚染の騒ぎが冷めやらない二〇〇六年二月末。今度は、オホーツク海の海岸に油の付着したハシブトウミガラスやエトロフウミスズメといった鳥の死骸が大量に漂着した。その数五五七七羽。すわ、サハリン沿岸の油流出か！と、一九九七年一月の日本海におけるナホトカ号事件を覚えている我が国の関係者は緊張の度を高めたが、原因究明を求める日本に対し、ロシア側の対応は冷たく、いっこうに原因がわからない。環境省傘下の研究者による分析の結果、油はC重油と呼ばれる大型船舶に使われる燃料であることが判明し、油田事故の可能性は小さくなったものの、事故から数年たった今でも原因究明は暗礁に乗り上げたままである。

●近年の温暖化がオホーツク海に大きな影響をおよぼしていることも明らかになりつつある。北海道大学の大島さんや中野渡さんらの研究によれば、近年、オホーツク海や親潮域の海洋において、中層水の温度が上昇し、溶存酸素濃度が減少しているという。この原因として、二〇世紀後半以降、シベリアや極東地域の冬期気温が上昇した結果、オホーツク海における海氷生成量が減少し、ブライン形成にともなう海洋の鉛直循環を弱くしている可能性が指摘された。

もちろん、歓迎すべき動きもある。

●二〇〇三年一月に小泉元総理とプーチン元ロシア大統領との間で「日露行動計画」が取り交わされ、地球温暖化問題への対処と日本海・オホーツク海などにおける海洋汚染防止体制の強化に共同で取り組むことが明記された。これを受けるかたちで、二〇〇七年六月には「極東・東シベリア地域における日露間協力強化に関するイニシアティブ」が、そして二〇〇八年七月には北海道洞爺湖で開催されたG8サミットにおいて、福田元首相とメドヴェージェフ・ロシア大統領との間で日露隣接地域における協力プログラムのひとつとして「生態系の研究、保全並びにその合理的・持続可能な利用」を行うことが同意され、二〇〇九年五月に両政府によって正式に署名された。このプログラムには、海洋環境の評価として、流氷の変動やアムール川から流出する物質の調査などが明記されており、日露の間で交わされた画期的な環境保全計画といえよう。

風下・川下国家——日本からみた巨大魚附林

中国内陸部から飛来する黄砂の問題にせよ、黄河やアムール川などの長大な大陸河川の物質輸送にせよ、偏西風循環や海洋循環が今と同様である限り、日本は未来永劫、東アジアの大陸部の風下・川下に位置し続けることになる。近年、問題が顕著になっている渤海と黄海におけるエチゼンクラゲの大量発生と対馬暖流による日本海への輸送問題、頻度が増加しつつある黄砂の発生と日本への飛来は、日常生活において、このことを強く実感させる。

そして、今、巨大魚附林という大きな環境システムにおいて、アムール川流域の環境変動がオホーツク海や親潮の海洋生態系に影響をおよぼす可能性が見えてきた。ここにおいても、変化の行き着く最終地点は、オホーツク海や親潮の海洋生物であり、その先には、この地域の水産資源に大きく依存している我が国がある。急速に発展する東アジアの国々の風下・川下側に生きている日本は、このことを嫌でも直視せざるをえない時代にある。

どのようにして我が国は、こうした越境環境問題から自国の環境を守ったらよいのだろうか。結論からいってしまえば、大陸にある隣国との連携なくしては、東アジアで顕在化する越境環境問題を解決することはもはや不可能である。経済同様、環境を核として東アジアの国々が連携して解決にあたらなければならない状況が目の前に迫っているのである。

巨大魚附林という地球環境上の概念が、東アジアの環境保全に向けた新たなるつながりに、ひとつの理論的背景を与えてくれるのではないかと期待している。

第12章　アムール・オホーツクコンソーシアムの設立へ

研究と実践

プロジェクトを始めるための準備をしていた頃、ロシアの研究機関を訪問してプロジェクトへの協力を要請した時のことだった。

「鉄だって？　ハバロフスクの町では河川水の鉄の濃度が濃すぎて、飲料水から取り除くのに苦労してるんだ。なんだって、鉄なんかに興味を持ったんだい？　鉄なんかいくらでもあるじゃないか。それより、アムール川の最大の問題は汚染だよ。中国の工業発展にともなって排出される重金属や有機物質汚染の影響は本当に深刻なんだ」。

アムール川が運ぶ鉄がオホーツク海や親潮域の植物プランクトンにとって必須の元素になっているはずであると説明する我々に向かって、ロシアの研究者たちは興味を示しつつも、怪訝そうな顔でこう答えた。

もちろん、汚染がこの川に依存して生活する人々にとって最大の問題であることは我々も知っていた。アムール川はロシアの中でも最も汚染された川のひとつであり、その原因として、流域に存在するロシアの重化学工場からの排水と、松花江やウスリー川という支流を通じて中国から排出される汚染物質があることは、さまざまな機会に耳にしていた。そして、この越境汚染ともいえる問題が、両国の間の歴史的な国境紛争によって解決されずに放置されているということも。

一一章で見たように、二〇〇五年一一月、吉林省の石油化学工場で起こった爆発事故により松花江に流出した大量のニトロベンゼンとベンゼンは、一気にこの問題を世界にさらけだし、もはやアムール川の越境汚染を放置してはおられないような世界的な雰囲気を作り上げた。まず国連環境計画（UNEP）が注目し、我が国では、大島慶一郎さんが作成した汚染物質の輸送シミュレーション映像がテレビで放映され、遠く離れた大陸の一河川における事故が、日本の海にも影響を与えうるという衝撃を、国民に与えた（図32）。

そして、プロジェクトが本格的に始まって五年、今度は上流から下流にもたらされる、なく

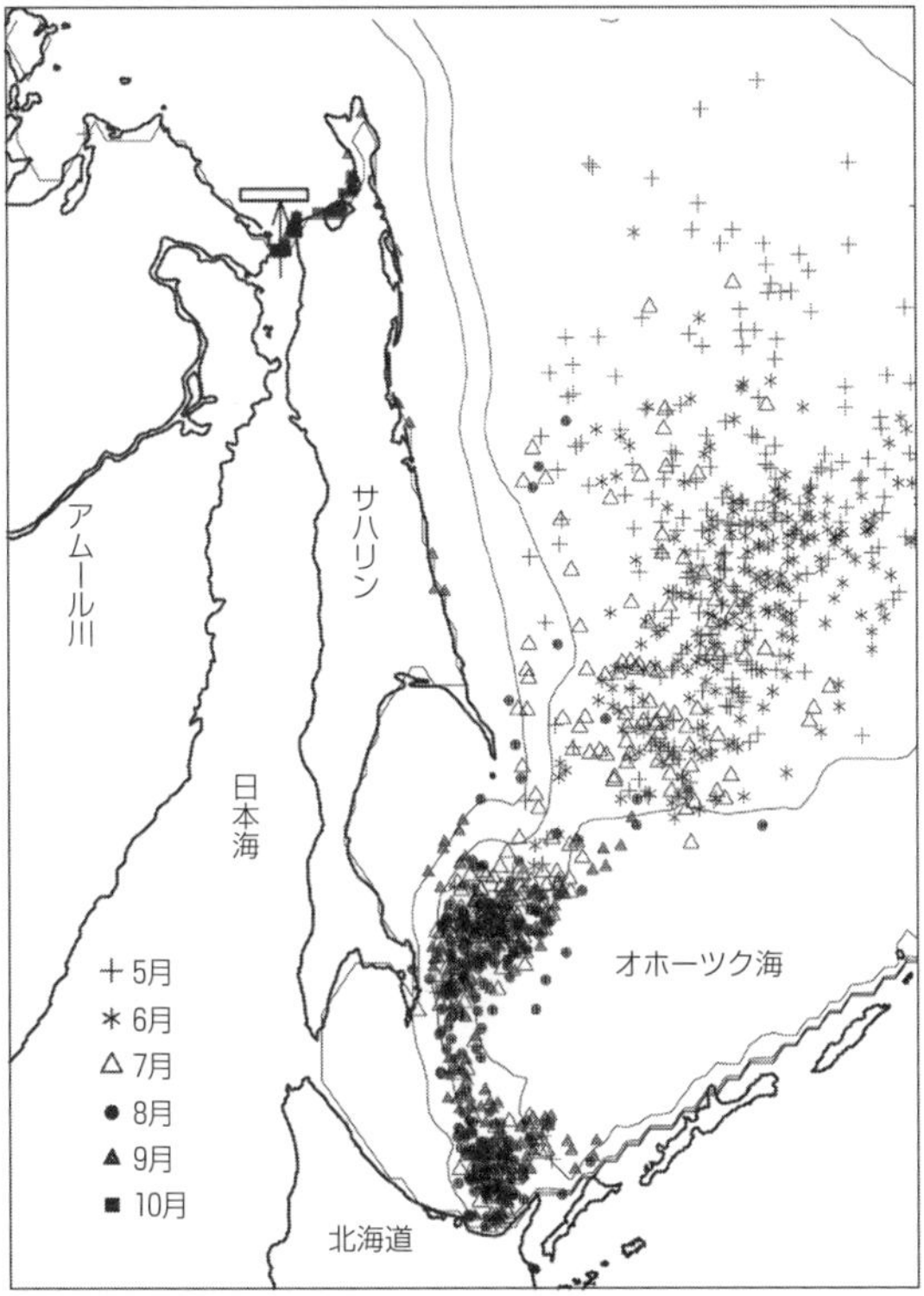

図32　アムール川が輸送する物質がオホーツク海においていかに輸送されるかを示した数値シミュレーション結果

1998年５月１日から10月31日まで、毎月アムール川の河口に物質を流した場合に、これらの物質が海洋表層をどのように流れるかを図示したもの。図は同年12月31日の状態を示す（大島ほか 2008）。

てはならない物質「鉄」の存在が明らかとなった。アムール川とオホーツク海をめぐる上流と下流のつながりは、鉄と汚染物質という、いわば正負の問題から重要な国際的テーマとして浮かび上がりつつある。

歴史に「もし」はありえないが、もし我々のプロジェクトが最初の段階でロシア人研究者の勧めにしたがって汚染問題を中心テーマに据えていたら、その後の展開はどうだったろうか。おそらくは多大な困難に直面し、共同研究は道半ばにして頓挫していたことだろう。二〇〇八年の北京オリンピックを前にした中国が、自国の環境問題に対して外国が注視することを嫌ったことはよく知られているが、我々もこの大きな動きに巻き込まれ、現地調査はおろか、いっさいの共同研究もかなわなかったに違いない。経済躍進の陰で環境が大きな圧力を受けていることは、誰よりも中国の人々自身がよく知っている。大国であると共に面子を重んじる文化を持つ人々にとって、外から自国の問題を指摘されることは耐え難いことであろうし、なによりも彼らはよりよい環境を求めて努力を続けている最中であった。

鉄という、ありふれた物質にプロジェクトの課題として最後までこだわり続けたことは、いうまでもなく、鉄がオホーツク海と親潮域の植物プランクトンにとって、なにより必要とされており、鉄を介した大陸規模と外洋の物質的なつながりを世界で初めて実証できるという科学者としての野心があったからである。しかし、結果として見ると、鉄を選んだからこそ、私たちは五年間の長きにわたり、この政治的に微妙な地域において、中国・ロシア・日本という国を超えて、結束してひとつのテーマに取り組むことができたように思う。

プロジェクトが三年目に入った頃からだろうか。私たちは、ひょっとして、とてつもない地球の営みを明らかにしているのではないだろうか、と思うようになってきた。ロシアがその水産資源のほぼ半分を得、日本においても、最も豊かな漁場として長く君臨しているオホーツク海。そして千島列島を挟んでオホーツク海の東に位置する親潮は、豊富な動・植物プランクトンによって、サンマやイワシなどの浮魚の世界的な漁場であるばかりでなく、それを狙って南からやってくるマグロなどの大型魚類を育む海でもある。一方、豊富な栄養塩とアムール川が運ぶ鉄によって生産される植物プランクトンは、いうまでもなく、光合成によって大気中の二酸化炭素を利用して有機物を作ることにより、大気の二酸化炭素濃度を低下させる役割を果たしている。いわば、アムール川が運ぶ鉄こそが、人類の生存にとって必要な二つの大きな地球環境問題——食糧と気候変動——の鍵となっていることがわかったのである。

研究者の使命は、人類に知られていない新たな真理を研究活動から見つけ出すことにある。そして、その発見は、論文というかたちで世に問われ、批判され、改訂されたり、葬り去られたりして、真理への追究が続いていく。五年間のアムール・オホーツクプロジェクトで明らかにしたことは、真理にいたる入り口に過ぎないことは間違いないと承知している。期間の限られたプロジェクトでは、期間内に成果をとりまとめ、期間が過ぎれば、研究者は次なる目標へと向かって新たな道を歩き出す。私たちもこの常道にしたがって、アムール・オホーツクプロジェクトをさらなる高みへと向かわせるための、いわばポストアムール・オホーツクプロジェクトを考える必要性に迫られていた。

一方で、自分の中のもうひとつの声が言う。

「アムール川流域では急激に土地利用の変化が起こり、鉄を産出する湿原が急激に失われている。二酸化炭素などの温室効果気体に起因する近年の地球の温暖化現象は、シベリアの冬期温度を上昇させ、オホーツク海の海氷を減少させている。その結果、オホーツク海の循環は弱くなり、鉄を運ぶ海流自体が弱まってしまっている。この二つの問題は、いずれをとっても、将来、オホーツク海や親潮の生産量を減少させるだろう。おまえは、メカニズムがわかればそれで満足なのか。こんな大きな問題を知ってしまい、そのまま黙って見ていていいのか？　研究者として、何かできることはないのだろうか？」

プロジェクトの終わりが近づくとともに、こんな声が自分の頭の中から聞こえてきた。

ヘルシンキ条約とHELCOM

果たしてアムール・オホーツクプロジェクトをどのようなかたちで終結させたらよいのか、終わりが近づくにつれて、この問題が重くのしかかってきた。地球研の研究理念である「環境問題は人間の文化の問題である」という考えに立てば、メカニズムを明らかにすれば、プロジェクトの目的を達せられる、と考えることは到底できない。また、研究者がメカニズムを発見すれば、誰かがそれを利用して環境をよりよい方向に変えていくような仕組みが日本にあれば、研究者は研究に専念できるのだが、こと環境に関する限り、それは期待できそうもない。本来ならば、政治と行政の出番であるともいえるのだが、まだ顕在化していない問題に対しては、政治や行政の反応が鈍いのは、洋の東西を問わず、どこでも同じである。

ところで、オホーツク海の環境問題について取り組んでいるグループは、もちろん我々だけではない。青田昌秋さん（北海道大学名誉教授）を中心とするグループは、四半世紀にわたって紋別市を舞台に産官学と市民が連携して毎年一回の国際シンポジウムを開催し、オホーツク海の自然と人間、そして文化について情報交換を行っている。また、二〇〇五年に知床が世界自然遺産登録を果たすにあたって大きな役割を演じた大泰司紀之さん（北海道大学名誉教授）

を中心とする知床科学委員会は、知床と北方領土の共同保全を提唱して、官学連携でロシア政府と交渉を続けていた。サハリン沖の油田開発については、最も差し迫った環境汚染を引き起こす可能性がある問題として、産官学のさまざまな取り組みが進行しつつあることも、オホーツク海をめぐる重要な動きである。

そんな動きの中のひとつとして、北海道大学と北海道開発局が連携して二〇〇六年から続けてきた「環オホーツク海国際シンポジウム」がある。北海道開発局は、国土交通省の地方支分部局として設置された北海道開発の総合行政機関であるが、近年の政策のひとつとして、隣接するロシア連邦極東地域とのさまざまな活動における連携強化を挙げている。一方、北海道大学は総合大学としての強みを生かしつつ、旧ソ連時代から続くオホーツク海の基礎研究に立って、この地域の持続可能な社会づくりについての研究を開始しつつあった。この両者が連携して、北海道という地域がその恵まれた自然を生かしつつ、隣接するも、歴史的・政治的な背景から、その関係が築きにくい極東地域とどうやって連携していくかを検討することは、北海道を代表する行政と学術の二大機関にとっては重要なテーマであった。

このシンポジウムが面白いのは、環境保全を前提に置きつつも、停滞していた極東地域の交流を活発化させようと、両国の経済界や行政から重鎮と目される方々が数多く参加していたことである。私は、プロジェクトを共に進めてきた中塚武さんと共に、このシンポジウムに積極的に参加して、オホーツク海をめぐる自分の知らない世界を学ぶ機会に恵まれた。そして、その中の二人、フィンランドから来たカジ・フォルシウスさんとその研究パートナーである染井順一郎さん（当時、北海道開発局）の紹介するバルト海の環境保全の話に魅せられた。

バルト海は、ユーラシア的視点から見ると、極東のオホーツク海とは正反対の極西にある内海である。北西をスカンディナビア半島、東をフィンランド、ロシア、バルト三国、南をポーランド、ドイツ、デンマークに画されたこの海は、冷戦時代、東西陣営の間に置かれていた。沿岸国から流出する農業や工業起源のさまざまな物質、とりわけ肥料としての窒素やリンは、もともと循環が活発でないバルト海に多大な負荷を与え、一九六〇年代末期以来、富栄養化によってバルト海を死の海に変えてしまった。過剰な栄養塩によって大量に生産された植物プランクトンは、その分解過程で海水中の酸素を消費し、バルト海の大部分が貧酸素水塊になってしまったのだ。このような水塊では、ほとんどの生物が生息できない。

深刻な問題に直面したバルト海沿岸国の研究者たちは、鉄のカーテンを越えて、少しずつ連携を模索し、一九七四年、遂に沿岸七ヶ国（デンマーク、フィンランド、西ドイツ、東ドイツ、ポーランド、スウェーデン、ソビエト連邦）が「バルト海海洋環境保護条約（ヘルシンキ条約）」を採択した。二つの点で、この条約は歴史に残る環境条約といえる。まず第一に、政治的および経済的に大きく異なる国々が、自分たちの共有の財産である海を保全するために大きな困難を乗り越えて合意にいたったこと。第二に、それまでは海であれば海、陸であれば陸というように、個別の対象として扱われてきた環境を、一貫したシステムとして保全の対象に選んだことである。

ヘルシンキ条約とそれを遂行するための多国間連携組織であるヘルシンキ委員会（HELCOM）は、その後のヨーロッパの政治情勢の変化と共に深化し、二〇〇九年には、九ヶ国（デンマーク、フィンランド、ドイツ、ポーランド、スウェーデン、ロシア、エストニア、ラトビア、リトアニア）と一機関（欧州連合）によって、引き続きバルト海の海洋環境保全に大きな役割を果たしている。

ヘルシンキ委員会のフォルシウスさん、そしてフィンランドに三年間滞在してヘルシンキ委員会の活動を実地に学んだ染井順一郎さんとの議論は、アムール・オホーツクプロジェクトのゴール設定に対し、大きな目を開かせてくれた。すなわち、プロジェクトを通じて明らかとなったさまざまな環境問題について、プロジェクト期間中に限られた知識だけで拙速な答えを出すのではなく、その答えにいたるための国を越えた連携の枠組みを作ろう。そしてそれをオホーツク委員会と名づけよう。

世間知らずな自然科学者は、えてしてロマンチストでもある。複雑な政治、行政、そして人々の感情から遠い世界で生きているためか。自然科学者の多いアムール・オホーツクプロジェクトも同様な傾向にあり、夢見がちな傾向に歯止めをかけてくれる人が必要であった。そして、プロジェクトの成果を実り多く、かつ現実的なものにするためにも、新たに協力できる専門家を探し求めた。

北海道大学の国際法学者である児矢野マリさんと堀口健夫さんの推薦を受けて、国際政治学を専門とする花松泰倫さんがプロジェクトに加わってくれたのは、プロジェクトの三年目の秋、終了まで残り一年とちょっとという時期だった。鉄の流れについては、ほぼ目処がついていたため、花松さんには、我々のプロジェクトが明らかにした越境物質循環という概念を理解してもらい、それを法学者の視点から捉え直し、早急にオホーツク委員会のアイデアを実現化してもらうことにした。限られた時間の中で、関連図書に埋もれながら、彼の研究が始まった。

一方、オホーツク委員会の設立を目標とする限り、そのモデルとなったヘルシンキ委員会のことをもっと勉強する必要がある。新しくプロジェクトメンバーに加わった花松さんを加え、我々一行は二〇〇九年の春、染井順一郎さんの紹介状を携えてフィンランドの首都ヘルシンキを訪問した。関西空港を飛び立った飛行機は本州と日本海を横断した後、アムール川に沿って北西に航行を続け、その後シベリアのタイガ林とツンドラを延々と飛び続けると、ようやく降下を開始。この時に初めて気がついたのであるが、日本とフィンランドは、ロシアという大国

写真22　ヘルシンキ委員会を訪問する。右から４人目がラーマネン氏でその左に共同宣言をまとめた花松泰倫氏

ひとつを間に挟んだ隣国だったのである。

ヘルシンキの港に面したビルにオフィスを構えるヘルシンキ委員会は、北欧らしく、シンプルだがセンスのいい内装のオフィスであった。海洋生物学の専門家であり、ヘルシンキ委員会の「モニタリングと査察」および「自然保全と生物多様性」グループの長を務めるマリア・ラーマネン氏らの説明を受けながら、ヘルシンキ委員会のスタッフがいかに自分たちの組織を誇りに思っているかが伝わってきた。

滞在中は、ヘルシンキ委員会を国内から支えるフィンランド環境研究所や、ヘルシンキ委員会の活動に使われている砕氷船アランダ号の見学など、世界でも最も先進的といわれるヘルシンキ委員会の活動を目にすることができた。そして、なによりも我々自身のオホーツク委員会を作りたいという現状を彼らに説明し、彼らの共感を得ることに努力した。今は難しいかもしれないが、いつかはオホーツク海でもこのような体制ができることを願わずにはいられない。

アムール・オホーツクコンソーシアム設立

帰国した我々は、花松さんを中心に、オホーツク委員会の構想を急ピッチで練り上げた。また、その過程で、行政の専門家である北海道開発局開発監理部の関係者との議論を通じ、オホーツク委員会という名称を、「アムール・オホーツクコンソーシアム」に変更した。「委員会」という用語は、行政的には公式な意味を有しており、最初からオホーツク委員会という名称を使ってしまうと、今後、支障がでるかもしれないという考えからであった。

オホーツク海の環境保全を進める上で、我々がなによりもまず重要であると考えていたことは、オホーツク海を領有するロシアとの連携であった。オホーツク海をめぐっては、いうまでもなく両国の間には領土問題という高い壁があった。このため、漁業交渉を除くと、オホーツク海の環境についてこの二つの国が共同で取り組んでいることはほとんどない。アムール・オホーツクプロジェクトを実施した二〇〇五～二〇〇九年という期間は、サハリンの東岸において大規模な石油開発が行われた期間と一致するが、予想されるうる油田事故についてさえ、まだ双方の間にきちんとした対策があるとはいえない状況であった。

これらのことを念頭に置き、アムール・オホーツクコンソーシアムの第一の目的を、お互いがすでに所有している情報をできる限り公開して、双方が同じ土俵に立って環境に関する議論ができるようにするという地ならしに置いた。「できる限り」と但し書きしたのは、そもそもロシア連邦においては、地形図や航空写真などの地理情報、海水・気象・資源などの情報は国家機密の範疇にあり、たとえ研究者が欲したとしても、国内の法律で禁止されているものは公開できるはずもないからだ。このような状況は中国にもある。

パートナーを決めるにあたっては、さしたる困難はなかった。アムール・オホーツクプロジェクトを一緒に進めてきたロシア科学アカデミー極東支部の水・生態学研究所と太平洋地理学研究所は、自他ともに認めるアムール川とアムール川流域の研究の中心であった。また、若土プロジェクト以来のパートナーである極東水文気象研究所とロシア連邦水文気象・環境監視局はオホーツク海とアムール川の研究と定常観測を担う行政系の二大機関である。彼らの協力が得られれば、コンソーシアムの実現性は半分保証されたも同然である。

問題は中国との関係であった。自然科学者の立場からいえば、水は低きに流れるし、その水にのって流れる鉄や汚染物質も上流から下流に流れるのは自明の理である。だから、下流の問題を解決するために、上流の国々が議論に参加するのは自然科学者にとっては当然なことである。アムール・オホーツクプロジェクトの推進にあたっては、中国科学院長春東北地理農業生態学研究所と瀋陽応用生態学研究所という自然科学系の研究機関との密接な共同研究が実を結んだが、彼らと仕事を共にする過程で、この思いは共有されていたと思う。

ところが、これが甘い考えであると知ったのは、協力を求めて訪問した北京大学の宋栄《そんいん》教授(国際法)との議論であった。宋栄教授は、二〇〇五年の松花江のニトロベンゼン汚染を国際法の立場から研究し、その成果をヨーロッパの学術誌に報告していたことから我々の知るところとなり、事前のやりとりを経て、直接北京で議論することになった。会場となった北京大学に隣接する北海道大学の北京オフィスに現れた宋教授は、私と同年代の女性であり、流暢な英語で我々の目的を尋ね、自身の研究を語ってくれた。しかし、我々のコンソーシアムへの協力依頼に対する彼女の答えは、否定的なものだった。

オホーツク海に接して領土を有しない中国は、オホーツク海の環境保全に対し、なんら法的な責任を負っていない。中国が責任を負うのは、国境河川としての黒竜江であり、その支流である松花江やウスリー川である。これらの国際河川の問題は、中国とモンゴル、中国とロシアの二国間の問題であり、遠く離れた日本が口を出すべき問題ではない。これが国際環境政治の常識であった。世界を広く見回しても、沿岸を領有していないにもかかわらず、その地域の海洋環境の保全に責任を負うと明言している事例はない。私はこんな基礎的なことさえ知らずにいたのだが、花松さんと二人で出かけた北京大学において、中国の国際法の専門家にこの点をはっきりと指摘され、目が覚める思いであった。

この問題は厳然たる事実として、世界のさまざまな地域で川と海のつながりを考える際の妨げになっている。前述したバルト海においては、農業で使用される窒素肥料を起源とする栄養塩が海に流れ込むことで、バルト海の富栄養化が生じているが、バルト海と河川を通じてつながっているベラルーシ、ウクライナ、チェコといった国々は、バルト海への栄養塩負荷という観点からは、無視できない存在であるにもかかわらず、ヘルシンキ条約の加盟国には入っておらず、そのため、栄養塩の低減義務もない。同様な例は、メコン川の保全をめぐるメコン委員会と中国との関係など、世界の国際河川においては一般的な状況なのである。

国際社会における厳然たる事実を前にして、思わず頭を抱え込んでしまう中国訪問であったが、そもそも、川と海がつながっているという認識が一般的なものでないということは、一一章で魚附林の説明をした際に紹介したとおりである。自然科学の世界でさえ、未だに議論がある問題に対し、政治や行政が取り組んでいないことは驚くに値しない。そう思って、ここは開き直ることにした。

ところが、続いて訪問した黒竜江省においては、北京とは若干異なる印象を得た。黒竜江省においては、松花江と黒竜江の水質観測を業務として担当している黒竜江省環境保全局環境監視局の宋男哲《そんなんじぇ》さんと黒竜江省社会科学院東北アジア研究所の笪志剛《だじいがん》さんを訊ねることにした。お二人とも日本の大学や研究機関に滞在した経験があり、日本語に堪能である。が、なによりもまず、アムール・オホーツクコンソーシアムという、中国にとっては両刃の剣ともなりうる存在について、双方の気持ちを理解してもらえる専門家に相談したい気持ちが強かった。

宋男哲さんの意見はこうである。

「中国は、なによりもまず経済躍進の最中である。日本もそうであったように、経済の発展期には河川の汚染の問題が起こりえる。そしてこのことが人々の健康にとって重大な脅威となることを知り、今、最大限の努力を汚染問題の解決に向けている。データの情報公開も進めており、まだすべての情報を開示することはできないが、時間と共によい方向に向かっていくであろう。アムール・オホーツクコンソーシアムがこの点を理解してくれれば、ぜひ協力したい」。

笪志剛さんは、さらに積極的にコンソーシアム設立を支持してくれた。

「中日関係、とりわけ、中国東北三省と北海道の経済交流は今後さらに強くなっていくであろう。現代においては、環境を無視した経済発展はありえない。人々の健康のためには、積極的に交流が進むことを願いたい」。

自然科学と社会科学を専門とする黒竜江省を代表する二人の研究者に励まされて、北京での衝撃はいくぶん緩和された。そして、プロジェクトを通じて協力を深めてきた、中国科学院の長春東北地理農業生態学研究所の所長、張柏《ちゃんばい》さんも、スタッフの閻百興《やんばいしん》さんをコンソーシアム設立会議に派遣してくれることになった。

二〇〇九年一一月七日、北海道大学の学術交流会館第一会議室は一〇〇名に近い参加者でほぼ満席の状態であった。学術機関からは、総合地球環境学研究所、北海道大学低温科学研究所環オホーツク観測研究センター、同スラブ研究センター、同「持続可能な開発」国際戦略本部、北見工業大学未利用エネルギー研究センター、行政からは国土交通省北海道開発局、そして国際機関からは国際科学技術センターが主催者として名を連ねた「オホーツク海の環境保全に向けた日中露の取り組みにむけて――オホーツク海の未来可能性のために」と題された国際シンポジウムが、二日間の日程で始まった。

シンポジウムの目的は、オホーツク海とアムール川の抱えるさまざまな環境に関する最近の研究成果を日中露の研究者が発表し、相互理解を深めると共に、お互いがこの地域の環境の重要性を認識し、劣化しつつある環境に対して、行動を起こすべく、共通の土壌を育成することにあった。副題は、総合地球環境学研究所の初代所長であった日高敏隆先生が提唱した「未来可能性」を敢えて使うことにした。持続可能性ではなく、あえて未来可能性を使った真意は、アムール川とオホーツク海の物質的・生態的つながりの重要性を基本に立ち返って検討し、現

写真23　第１回アムール・オホーツクコンソーシアム会合の参加者一同

在の利用状況を前提としてその持続性を希求するだけではなく、この地域の環境を将来世代に引き継ぐための方策を、いっさいの前提条件なしに議論する会にしたいという、私の強い気持ちであった。

幸い会議には、主催に名を連ねた機関以外にも、さまざまな機関や個人が協力してくれた。なによりも心強かったのは、北海道の環境を先頭に立って研究する北海道立環境科学研究センター（現・地方独立行政法人北海道立総合研究機構環境・地質研究本部環境科学研究センター）と、多国間機関であるヘルシンキ委員会がメンバーを派遣してくれたことだ。

二日間の会議は、日・中・露の三ヶ国語の同時通訳という難しさがあったにもかかわらず、熱心な討論に支えられて、ひとときも気のゆるまぬ緊張した会議となった。そして、最後の総合討論において、あらかじめ花松さんを中心に文案を検討してきた共同声明の採択に移った。それは、アムール川とオホーツク海の環境の重要性と保全の必要を謳った声明であり、これを議論するための共通の土台であるアムール・オホーツクコンソーシアムの設立を謳ったものであった。

最後の最後に共同声明案に対して異議が唱えられたらどうしようかと思う私の心配とは裏腹に、会場からは盛大な拍手が返ってきた。ロシアのバクラノフさんは立ち上がって最大限の賛意を表明してくれ、続いて中国の笪志剛さんと日本の江淵直人さんが各国の代表幹事として抱負を述べた。

アムール・オホーツクコンソーシアムは、このようにして一一月八日に産声をあげた。

オホーツク海とその周辺地域の環境保全にむけた研究者による共同声明

① オホーツク海は、その大部分を自国の排他的経済水域とするロシアだけでなく、その一部を排他的経済水域とする日本、そして直接国土を接しない中国、モンゴルや近隣のアジア諸国に

とって重要な水産資源の供給地である。また、北半球における海氷発達の南限に位置することから、海氷に依存した独自の生態系が発達し、暖流と寒流の影響によって生物多様性の高い海洋生態系を進化させてきた。

② 近年の科学的調査研究の進展により、オホーツク海や隣接する親潮域の基礎生産とそれに依存する生物多様性が、海域だけでなく陸域との相互作用の上に立脚して成り立っていることが明らかとなってきた。中でも、オホーツク海に流入する最大の河川であるアムール川は、毎年大量の溶存鉄をオホーツク海と親潮域に供給し、これらの海域をきわめて基礎生産性の高い海洋にしている。この発見は、大陸規模の陸面環境と、外洋との物質的・生物学的連環が存在することを我々に知らしめた。すなわち、オホーツク海と隣接する親潮域およびアムール川流域は、海域と陸域の境界を越えたひとつの大きな生態系を形成しているといえよう。この独自の生態系のメカニズムを明らかにし、アムール・オホーツク生態系の自然環境の未来を考えていくことは、アムール川流域の国々やオホーツク海の縁辺国にとって、特別の関心事項である。

③ 近年、北東アジア地域のさまざまな人間活動によって、アムール川の水質が劣化し、それがオホーツク海の自然環境におよぼす影響が懸念されている。我々は、研究者として、このような人間活動が将来的にオホーツク海の自然にいかなる影響を与え得るのかについて評価することに、特別の注意を払うものである。そして、これらの地域における生態系の研究、保全、ならびにその合理的および持続可能な利用に関する学術的知見を深めていくことが、本地域の持

続可能な発展にきわめて重要であるということに、共通の認識を持つにいたった。

④　オホーツク海、およびその自然環境を支えるアムール川流域は、中国、日本、モンゴル、ロシアの四ヶ国が互いに隣接する地域であり、その保全のためには国を越えた協力が重要である。これまで、国家レベルにおいては、中国、日本、モンゴル、ロシアのそれぞれの間で二国間のさまざまな環境協力の枠組が形成され、実施されてきた。しかし、これらの国の間での多数国間の枠組は現在までのところ存在しない。そのため、四ヶ国の間では、研究者レベルにおいても情報共有が十分になされておらず、何が問題であるのかについて認識を共にする機会が少なかった。そこで、我々研究者は、あくまでも国家間の取り決め、および国際法上の権利義務の範囲内において、また各国の国内法上の義務を十分に遵守した上で、問題意識を共有する研究者として自発的に議論に参加し、オホーツク海とアムール川流域の保全のために何が必要か、何をすべきかについて、ともに考え、定期的に情報および意見を交換し、それらの情報の共同利用の有用性や可能性について議論しながら、協力して研究および行動していくことが必要であるという共通の認識を確認する。

以上のことに留意し、我々は、次のことに賛同する。

一、各国の研究者が公開可能な情報の共有を促進すること

二、共同の環境モニタリングに向けて努力すること

三、アムール川流域とオホーツク海の環境保全と持続可能な利用に向けて、国を越えた議論の活発化を促進すること

四、以上の三つの目標を促進するための多国間研究者ネットワークとしての「アムール・オホーツクコンソーシアム」の設立

（一）「アムール・オホーツクコンソーシアム」の設立

我々研究者は、オホーツク海とアムール川流域の自然環境について意見を交換し、議論を通じて認識を共有していくことを目的に、科学的な知見に基づいてこの問題について議論するためのプラットフォームとして、研究者によるネットワーク「アムール・オホーツクコンソーシアム」を設立する。このネットワークは、非政府のネットワークであり、特定の国家および組織的基盤を持つものではない。このネットワークは、アムール・オホーツク生態系の未来のために研究者が自由に議論することを可能にするためのものであり、問題意識を共有する研究者が自発的に参加する人的ネットワークである。

（二）コンソーシアム会合の開催、暫定的な事務局の設置および暫定幹事について

コンソーシアムの会合を、二年に一度開催し、意見の交換を行う。この度のシンポジウムはその第一回目の会合と位置づける。第二回目の会合に関しては、二〇一一年に札幌で開催される予定である。次回会合までの暫定的な事務局を、北海道大学低温科学研究所環オホーツク観測研究センターに置くこととする。また、同じく暫定的な参加国幹事として、中国側研究者代表を笪志剛（黒竜江省社会科学院東北アジア研究所）、ロシア側研究者代表をピョートル・バクラノフ（ロシア科学アカデミー極東支部太平洋地理学研究所）、日本側研究者代表を江淵直人（北海道大学低温科学研究所）とする。なお、モンゴルの代表幹事は、二〇一〇年度に協議の上決定する。次回以降の会合開催および事務局の設置、幹事等の決定についでは、第二回の会合において話し合うこととする。

（三）コンソーシアムの機能および成果の発信について

コンソーシアムは、メンバーからの協力によって集められた情報を収集・整理し、インターネットを通じて世界に発信する。コンソーシアムで得られた知見および共有された認識をアムール・オホーツク生態系の環境保全にどのように生かしていくのかについては、今後の会合において引き続き議論していくこととする。

なお、この文書は、四ヶ国、また参加する研究者に対して特別な法的義務を発生させるものではない。それぞれの研究者が個人あるいは所属する研究機関の名の下に自発的に賛意を表明するものである。また、この文書は、いわゆる国際協定あるいは国際約束ではない。したがって、四ヶ国の国内法や法的立場および見解に影響を与えるものではなく、またオホーツク海およびアムール川流域における環境調査および情報の収集・共有に関する中国、日本、モンゴル、ロシアの間に存在する国際法上の権利義務に影響を与えるものではない。

二〇〇九年一一月八日

国際シンポジウム「オホーツク海の環境保全に向けた日中露の取り組みにむけて」

賛同者一同

第13章　平和環境圏構築と大学からの挑戦

コンソーシアムの次なる一手

二〇〇九年一一月八日に日中露の研究者たちが中心となってまとめあげた共同声明と、その中で設立を決めることになったアムール・オホーツクコンソーシアムは、北海道新聞が一面のトップニュースで取り上げてくれた。その結果、予想を超える多くの人々から支持を得ることができた。うれしかったのは、漁業関係者や環境問題に興味を持つ市民からの反応が大きかったことだ。環境を保全するということは、そこに住み、その環境を利用して日々の糧を得ている人たちが関心を持たねばどうにもならないことであり、いうまでもないことだが、研究者の議論だけで閉じるものではない。アムール・オホーツクコンソーシアムで行う議論がたとえ専門家集団によるものであったとしても、その議論は、常に一次産業に従事する人々や市民に開かれたものでありたい。魚附林の歴史に見るように、現場で生きている人たちの知恵と知識には参考にすべき点が多い。

一方で、内心は焦燥感にかられていた。二〇〇九年三月にプロジェクトが終了し、任期制というルールにしたがって、私自身は京都の地球研を去り、北海道大学に復職した。大学での研究と教育に従事する中で、ロシアと中国を相手にコンソーシアムを維持していくことが果たしてできるのであろうか。先の見えない不安はあったが、黙っていれば絵に描いた餅であり、とにもかくにも、前に進めなければならないという気持ちでいっぱいだった。基礎研究を任務とする職場で、この動きを続けていくには、前年にコンソーシアムを共に立ち上げた研究仲間の応援が頼りであった。

まず、二つのことに取り組むことにした。ひとつは、コンソーシアムの活動に興味を持ってくれた人々に、ホームページを通じて情報発信を続けること。もうひとつはコンソーシアムの各国代表者の定期的な会合開催である。ホームページに関しては、本来であれば、参加各国の言語で作成し、誰もが言葉の問題なく交流できる場にしたいのであるが、最初から多くを望まず、まずは英語を用いて設立の趣旨と設立に関わった文書を掲載することとした。実のところ、東アジアの人々が何らかの議論を行う際、言葉の問題はなかなかに深刻な問題である。共通の言語を持たないだけでなく、いずれの国民も英語を得意としていない。言葉によるコミュニケーションが十分でないことにより、多くの誤解が生じ、それがこの地域に現存する多くの問題の根源になっていると言ったら、言い過ぎであろうか。

代表者会議の開催は、二〇一〇年一一月一～二日とした。この会議の開催には、国際政治学者の岩下明裕さんや経済学者の田畑伸一郎さん（北海道大学）の応援が心強かった。四千キロにおよぶ中露国境の確定過程を詳細に調べ、また日露国境に関する著作で第六回大佛次郎論壇賞を受賞した岩下さんは、我々がアムール川の研究を志した時に真っ先に相談に訪れた研究者である。アムール川の地理的な情報を持たなかった我々にとって、地道なフィールドワークに裏づけられた岩下さんの持つこの地域の情報は、大いに役立った。アムール川の鉄を追うという我々のプロジェクトは、当初、岩下さんの理解を大きく超えていたようであるが、こうしてプロジェクトの最後に再び合流できたことは幸いであった。

岩下さんもいうように、言葉でいうほど文理融合は易しくない。共通の土台で議論できるようになるためには、相当の準備と努力が必要であることをプロジェクトを通じて学ぶことができた。たとえすぐには成果が出なくとも、長い目で見、コミュニケーションを絶やさないことが重要である。いつか必ずお互いを必要とする日がやってくる。岩下さんとの関係は、文理融合のコツとして、つかずはなれず、お互いの言葉を真摯に理解する努力を続けることが大切であることを教えてくれた。

代表者会議の開催場所は札幌。北海道大学と北見工業大学が主催し、地球研と北海道開発局が共催して実現した。第一の重要な参加者は、日中露三ヶ国の代表者。彼らには、これから一年間かけて、自国の研究者にコンソーシアムの意味と目標を説いてまわる義務がある。次いで重要な課題は、アムール川流域の最上流部を占めるモンゴルの研究者を迎えること。こちらは、半年間にわたる交渉の末、モンゴル水文気象研究所のオユンバートル博士とジュグデル博士に参加してもらうことが決まった。これでアムール川流域を占める三ヶ国と、オホーツク海の最下流に位置する日本を加えた四ヶ国の代表者が決定した。

アムール・オホーツクコンソーシアムの活動を広く国内外に知ってもらうため、一一章で紹介した日露隣接地域生態系保全協力プログラムの担当官である外務省欧州局ロシア課の林直樹さんと、それを科学者の立場から支えた大泰司紀之さんにも参加をお願いした。また、国際連合環境計画（UNEP）で長年にわたってアムール川・黒竜江統合管理プログラムを進めてきたアンパイ・ハラクナラックさんを招待した。

UNEPの参加は大きな意味を持っている。なぜならば、UNEP自身もアムール川流域の越境水域管理に対し、一九九〇年代から真剣に取り組み始め、さまざまなプログラムを実施し

写真24　2010年11月１～２日に開催されたコンソーシアム代表者会合での議論風景。最前列の男性がバクラノフ氏

てきたのだが、流域各国が合意する最終的なプログラムを未だ実行できないでいたからである。その理由は、流域各国の環境保全をめぐる考え方の違いにある。国を越えた環境保全を行いたいという目的を共有するＵＮＥＰと経験を分かち合うことは、この地域の問題をあぶり出し、将来の関係国連携に向けた突破口を探る上でも有益であるし、何よりＵＮＥＰと連携することにより、アムール・オホーツクコンソーシアムに対する我々の真剣さの度合いを上流各国に示したい気持ちも強かった。

折悪しく、尖閣諸島で中国漁船による領海侵犯と衝突事件が発生し、会議当日にはロシア大統領による国後島上陸という問題が発生した。これらの当事者国の研究者からなる会議開催が危ぶまれたが、政治的に厳しい時ほど環境研究者は話し合わねばならないという参加国メンバーの強い意志のおかげで、会議は一人の欠席もなく、予定通りに行われた。前述した共同声明文の通り、第二回会合は二〇一一年の秋、札幌において開催することとし、各国の代表者は、これからの一年間、自国の研究者をまとめてアムール川流域とオホーツク海のさまざまな自然科学的な問題と、それを解決していくための方策に関してそれぞれ議論していくことを約束し、帰国の途についた。

平和環境圏の構築

アムール・オホーツクコンソーシアムを継続していく私自身の動機は、第一に、地政学的な状況によって研究が遅れがちなアムール川流域とオホーツク海という地域において、より国際共同研究を進めやすい環境を作ることにある。五年間のプロジェクトを通じて遭遇した数々の研究上の困難さは、関係各国の国情に起因する。しかし、なかには相手国に対する不信から生じるものもあり、コンソーシアムを通じて理解が進むことで、多少なりとも障害が除かれることを期待している。

次いで、このような国際共同研究を推進していく過程において、この地域の自然環境をよりよく理解し、その上で、人々が国境を越えて、地域の共通の財産である環境を将来世代に受け渡す道筋を作りたい。この動機は、研究者にとって主たるテーマにはなりえない課題と思いつつ、さりとて誰かがやってくれるわけでもなく、当面は並行して続けてゆかねばならない問題と思っている。

そんな折り、平和環境圏という耳慣れない言葉を聞いたのは、二〇〇九年一一月二一日に明治大学で開催されたシンポジウムの時だった。『「東アジア平和環境圏」の構築を目指して』と題するシンポジウムにパネリストとして招待され、アムール・オホーツクプロジェクトの成果を紹介するよう森永由紀さん（明治大学）から依頼を受けた時には、自分たちの研究成果と平和環境圏とがどのようにつながるのか、いまひとつ理解できなかった。折しも、鳩山由紀夫総理（当時）による東アジア共同体構想が論文として米国の電子版新聞に掲載された頃だったこともあり、プロジェクトを通じてずっと感じてきた東アジアの国々の人々と、我々日本人の間にある大きなギャップをどう乗り越えるのか、鳩山構想の高い理想と現実の違いに戸惑いを感じていた頃だった。

ところが、当日行われた米本昌平さん（東京大学）による基調講演を聴くにしたがい、暗夜に光を見るというのだろうか、平和環境圏構築という言葉と、アムール・オホーツクプロジェクトが五年間にわたって行ってきたことが少しずつ繋がっていくのを実感することができた。

地球環境問題に対する米本さんの主張は、すでに一九九四年に一般書で公になっていたのだが、不覚にも読み過ごしていた。

当日の講演録に沿って思い出す米本さんの論点はこうだ。第二次世界大戦の前後を通じ、世界の外交は軍事対決を主題として行われてきたが、一九九〇年代初頭に始まる冷戦構造の消滅は、軍事に変わり、世界が取り組める主題を必要としていた。それが地球環境問題であり、とりわけ地球温暖化の問題であった。環境は人類にとって共通の利益であり、その他の問題で一緒のテーブルにつけない多国間関係も、環境を主題にすれば協議が成り立つ可能性が高い。事実、冷戦時代のヨーロッパは、酸性雨問題に対処すべく、ヨーロッパモニタリング評価プログラム（EMEP）を科学的アセスメント機関として設立し、東西冷戦を乗り越えて、長距離越境大気汚染条約を成立させることに成功した。そして、このような歴史の積み重ねの上にEUのような枠組みができたのである。一方、東アジアでは歴史も地政学的な状況もヨーロッパとは大きく異なり、東アジア共同体構築は難しい。発展途上かつ政治・経済体制の異なる大国の風下側に先進国の日本が位置するという現状をよく認識し、自由に国境を越えて問題を共通に研究する研究者集団を成立させ、この研究者集団が周囲に働きかけ、それが国際交渉を促し、枠組みを成立させることになろう。

米本さんの主張する研究者集団は、国際関係論の分野では認識共同体と呼ばれる概念である。この話を聞いた時、アムール・オホーツクコンソーシアムこそは、日中露モの四ヶ国の間で環境に関する情報と知識と問題を共通の土台で議論するための認識共同体にほかならないことを知り、はっとする思いであった。そして、この認識共同体が基礎に据える哲学が、科学であるべきことはいうまでもない。

巨大魚附林の保全を考えるために立ち上げたアムール・オホーツクコンソーシアムが、政治的には膠着状態にある日中露三ヶ国の将来にとって、大きな役割を果たす可能性を知ったのは、まさに米本さんの講演であった。考えてみれば、ヘルシンキ委員会もそうであり、メコン川の問題を考えるメコン委員会も認識共同体であることに間違いない。無意識ではあったが、自分たちの進む道がより大きな道につながる可能性に気づき、身の引き締まる思いであった。

大学からの挑戦

米本さんの講演は、続いて大学の役割にも触れている。従来、官僚が担ってきたシンクタンクとしての役割を、二一世紀には大学も担うべきだと主張する。従来の大学は、中立であることを重視するあまり、政治的な緊張から遠ざかろうとする立場をとってきたことは否めない。その大学に、積極的に政治のシンクタンクとしての役割を期待する米本さんの提言は新鮮である。

アムール・オホーツクコンソーシアムを立ち上げて実感したことは、中露の研究者と日本の研究者の政治との距離感である。我々がアムール・オホーツクプロジェクトを進める上で、共同研究者としてつきあった研究者の多くは、中国科学院やロシア科学アカデミーに属する研究者たちであった。日本とは異なり、彼らは政治のシンクタンクとしての役割をすでに有しており、彼らの研究は軽重の差はあれ、なんらかの形で国や地方の環境政策に反映されると考えてよい。それに対し、日本の研究者の意識は論文執筆という至上命題に注がれる。この傾向は、自然科学の分野でとりわけ著しい。科学的な研究成果を汲み上げて政策につなげるパイプは、もっぱら官僚や省庁に属する研究機関が担ってきたのが我が国である。

シンクタンクの役割は政策提案書を作ることにある。米本さんによれば、社会的に影響力を持つ政策提案書を作成するには三つの条件が必要という。第一に報告書を作成する能力、第二に権威、第三にその集団が報告書を作成することが妥当であると社会が認める正当性だそうだ（米本　一九九四）。

アムール・オホーツクコンソーシアムがこれらの三つの条件を獲得するには多くの時間と努力が必要であるが、大学の新しい役割のひとつとして、大学に所属する一研究者がどこまでやれるのか、挑戦してみることは価値のあることだと思っている。

おわりに

アムール川が運ぶ鉄によって植物プランクトンの生産が支えられているオホーツク海と親潮。大陸と外洋がある特定の物質によってつながっているという従来にない視点を提示したことが、本書を通じて主張してきた自然科学的な成果である。

一方、地球環境学的な視点に立つと、もう少しいろいろな面が見えてくる。この陸と海のつながりの上では、さまざまな人々が生活している。上流では大地を耕作して農作物を収穫し、あるいは森林を利用して生計を立て、下流では水産資源に依存して生計を立てている人々。そして、これらの自然の恵みには一見なんの関わりを持たない大多数の人々の存在。これらのすべての人々が、地域社会、国、グローバル経済などの枠組みにおいて複雑につながっているのが現代社会である。

なんらかの原因によって、現在、人々が享受している環境が劣化し、それが不利益をもたらす場合、原因を突き止め、その劣化を食い止める対策を立てねばならない。アムール川流域の場合、劣化の原因は過剰な陸域の土地利用であり、地球規模の温暖化であることを見てきた。原因がわかったものの、劣化を止めるにあたり、我々は突如として大きな壁にぶつかった。果たして、鉄という恩恵を与えてくれる上流側の国々に、下流の国が苦情を申し立てることができるのであろうか？

もうひとつ大きな問題がある。アムール川・オホーツク海・親潮という地域を扱う場合、陸と海の境界、国境、言語・文化・経済の境界、そして歴史認識における境界が大きな障壁として我々の前に立ちふさがる。これらの境界が存在するがゆえに、解決策を立てることはもちろん、議論さえしにくい現状がこの地域にはある。

プロジェクトを通じてこれらのことが明らかになっていくにつれ、私たちはますます、これらの境界をひとつずつ克服していくことが、問題解決の第一歩につながる道なのだと確信するようになった。もちろん、国境や言語・文化の境界を取り払うことがよいと主張するわけではない。境界は境界として尊重しつつ、しかし境界にしばられない関係も構築しておくことが、将来の環オホーツク地域の環境を考えるのみならず、我々の暮らす東アジアの将来にとって重要であると思うにいたった。

アムール・オホーツクコンソーシアムの設立は、この考えを実践で示したものである。科学の考えやデータを基礎としたこのネットワークをいかに運営し、発展させていくか。地域の環境に取り組むさまざまな立場の方々と連携することにより、息の長い試みを続けていきたいと考えている。ここで行われる不断の議論を通じてのみ、上の問題に答えが出るのだろうと思う。

準備に二年半、本研究に五年、合計七年半を費やしたアムール・オホーツクプロジェクトが二〇〇九年三月末をもって終了した。本書は、プロジェクトの立案から実施にいたる過程を、プロジェクトリーダーの立場から記した記録である。科学的な成果は、英文レポートや学術論文の形ですでに出版され、これからも公表されていく。本書では、これらの成果をまとめるかたちで、このプロジェクトがどのような背景の下、何を目指し、何を明らかにしたのかを平易なかたちでまとめておくことが重要と考えた。

まとめるにあたっては、可能な限り、時間に沿った記述を心がけ、必ずしも順風満帆ではなかったプロジェクトの進行経過を書き留めておきたいと思った。ただし、この研究がプロジェクトであるからには、最初に宣言した目的を、終了時にどの程度果たすことができたのかだけは明確に記したい。達成できなかった点もいくつかあるが、巨大魚附林という新しい地球環境学上の概念を提唱することができたことは幸いであった。

プロジェクトを進めるにあたり、リーダーとして特に留意した点は、自然科学的な方法によって明らかになった成果を、いかにして社会科学的な成果と融合させるかということだった。文理融合という言葉で語られる共同研究は、言うは易いが、実行は難しい。最初の三年間は、同じ日本語を話しているにもかかわらず、わかったつもりで誤解が生じていることも多々あった。後半の二年間になってようやく歯車が合い始め、アムール・オホーツクコンソーシアム設立の大きな原動力となった。

本書を読むと、登場する固有名詞が多いことに気づかれるだろう。いうまでもなく、このプロジェクトは、多くの研究者との共同作業によって行われている。日本・中国・ロシアにまたがる共同研究者の人数は一〇〇人。本書に実名で登場する方々は、これらの一〇〇人のメンバーをそれぞれの専門に応じてとりまとめてくれたグループのリーダーたちである。彼らの専門的な知識と、プロジェクトにおいて示された奮闘なしには、プロジェクトは到底成り立たなかった。これらのグループリーダーとプロジェクトのメンバーにここに改めて感謝の言葉を記させていただく。

アムール・オホーツクプロジェクトのような野心的な学際的大型研究は、専門分化が進み、かつ業績競争の著しい現在の日本の大学では実行が難しい状況にある。七年半の長きにわたってプロジェクトを推進することができたのは、地球環境学という新しい学問の創設に邁進する総合地球環境学研究所の全面的な支援に依っている。また、五年間にわたり、研究所を離れ、プロジェクトに専念することを許してくれた北海道大学低温科学研究所の本堂武夫元所長、若土正曉元所長、香内晃所長、江淵直人・環オホーツク観測研究センター長と所員の皆さんの後方支援にも感謝したい。プロジェクトの準備段階でとりまとめをしてくださった原登志彦さん、成田英器さん、そしてプロジェクトの期間中、一貫して力強い協力をしてくださった中塚武さんと的場澄人さんには心よりお礼申し上げる。

日高敏隆初代所長、立本成文所長をはじめとする総合地球環境学研究所所員の皆さんには、日頃の議論を通じて、プロジェクトの進行に大きなご協力をいただいた。アムール・オホーツクプロジェクトの研究員として、自身の研究時間の一〇〇%をプロジェクト研究に捧げてくれた大西健夫さん、寺島元基さん、花松泰倫さん、安成哲平さんにも御礼申し上げる。また、プロジェクトの運営事務を五年間にわたり担当し、しばしばプロジェクトのイメージを素敵なデザインで表してくれたプロジェクト研究支援員の川口珠生さんには感謝してもしきれない。多くの海外メンバーを抱えたプロジェクトにとって、川口さんの昼夜を問わない献身的なサポートがいかに重要であったか、プロジェクトを代表してお礼を申し上げる。

一年にもおよぶ原稿提出の遅れを辛抱強く待ってくださった昭和堂の松井久見子さん、初稿を見て適切なコメントをくださった阿部健一さん（総合地球環境学研究所）と西岡純さんにもお世話になった。本書に素晴らしい写真を提供してくれた豊田威信さん、二橋創平さん、杉江恒二さん、長尾誠也さん、村山愛子さん、澤柿教伸さん、関宰さん、楊宗興さん、柴田英昭さんにも感謝する。そして、本書を購入し、読んでくださった読者の方々には心よりお礼を述べたい。

最後になったが、プロジェクトを終えた今も、日高敏隆先生が唱えていた次の言葉が忘れられない。「地球環境問題の根源は、自然に挑み、支配しようとしてきた人間の生き方、いいかえれば、ことばの最も広い意味における人間の「文化」の問題である」。先生の問いかけに対しては、まだ十分な用意がないが、途中経過として本書を先生の御霊前に捧げたい。

二〇一一年二月

白岩孝行

参考文献

第一章

白岩孝行・山口悟「カムチャツカ半島の近年の氷河質量収支変動と気候変動復元」地学雑誌、一一一、四七六―四八五、二〇〇二。

Mantua, N.J. et al.: A Pacific interdecadal climate oscillation with impacts on salmon production, *Bulletin of American Meteorological Society*, 78, 1069-1079, 1997

北海道『北海道水産業・漁村のすがた二〇〇九 北海道水産白書』北海道、二〇〇九。

FAO: Russian Federation Review of the Fishery Sector, Report Series, 12, FAO Investment Center/EBRD Cooperation Programme, 2008.

Nihashi, S. et al.: Thickness and production of sea ice in the Okhotsk Sea coastal polynyas from AMSR-E, *Journal of Geophysical Research*, 114, C10025, doi:10.1029/2008JC005222, 2009.

第二章

総合地球環境学研究所編『地球環境学事典』弘文堂、二〇一〇。

青田昌秋『白い海、凍る海――オホーツク海のふしぎ』東海大学出版会、一九九三。

Ogi. M. et al.: Does the fresh water supply from the Amur River flowing into the Sea of Okhotsk affect

sea ice formation ? *Journal of Meteorological Society of Japan*, 79, 123-129, 2001.
Nakatsuka, T. et al.: An extremely turbid intermediate water in the Sea of Okhotsk: implication for the transport of particulate organic carbon in a seasonally ice-bound sea. *Geophysical Research Letters*, 29, doi:10.1029/2001GL014029, 2002.
Ohshima, K.I. et al.: Near-surface circulation and tidal currents of the Okhotsk Sea observed with the satellite-tracked drifters, *Journal of Geophysical Research*, 107, doi: 10.1029/2001JC001005, 2002.
Mizuta, G. et al.: Structure and seasonal variability of the East Sakhalin Current, *Journal of Physical Oceanography*, 33, 2430-2445, 2003.
Martin, J.H. and Fitzwater, S.E.: Iron deficiency limits phytoplankton growth in the north-east Pacific subarctic, *Nature*, 331, 341-343, 1988.
松永勝彦『森が消えれば海も死ぬ』講談社、一九九三。

第三章

立花義裕「観測データ、客観解析・再解析データ」立花義裕・本田明治編著『オホーツク海の気象――大気と海洋の双方向作用』気象研究ノート、二二四、日本気象学会、一五三―一六四、二〇〇七。
Simonov, E.A. and Dahmer, T.D. eds.: *Amur-Heilong River Basin Reader*, Ecosystem Ltd., Hong Kong, 2008.
間宮林蔵ほか『東韃地方紀行』東洋文庫、一九八八。
岩下明裕『中・ロ国境四〇〇〇キロ』角川書店、二〇〇三。

第四章

Narita, H., Shiraiwa, T. and Nakatsuka, T.: Human activities in northeastern Asia and their impact to the biological productivity in North Pacific ocean, In Narita, H. and Shiraiwa, T.（eds.）*Report on Amur-Okhotsk Project* No.4, RIHN, 1-24, 2004.

第五章

Takahashi, T. et al.: Global sea-air CO_2 flux based on climatological surface ocean pCO_2, and seasonal biological and temperature effects, *Deep-Sea Research* II, 49, 1601-1622, 2002.

Imai, K. et al.: Time series of seasonal variation of primary production at station KNOT（44 N, 155 E）in the subarctic western North Pacific, *Deep-Sea Research* II, 49, 5395-5408, 2002.

Saito, H. et al.: Nutrient and plankton dynamics in the Oyashio region of the western subarctic Pacific Ocean, *Deep-Sea Research* II, 49, 5463-5486, 2002.

Boyd, P. and Harrison, P.J.: Phytoplankton dynamics in the NE subarctic Pacific, *Deep-Sea Research* II, 46, 2405-2432, 1999.

若土正曉「オホーツク海氷の実態と気候システムにおける役割の解明」戦略的創造研究推進事業研究終了報告書、科学技術振興事業団、二〇〇二。

Ohshima, K.I. et al.: Near-surface circulation and tidal currents of the Okhotsk Sea observed with the satellite-tracked drifters, *Journal of Geophysical Research*, 107, doi: 10.1029/2001JC001005, 2002.

Nakatsuka, T. et al.: An extremely turbid intermediate water in the Sea of Okhotsk: implication for the transport of particulate organic carbon in a seasonally ice-bound sea, *Geophysical Research Letters*, 29, doi:10.1029/2001GL014029, 2002.

Nakatsuka, T. et al.: Biogenic and lithogenic particle flux in the western region of the Sea of Okhotsk: implication for lateral material transport and biological productivity, *Journal of Geophysical Research*, 109, doi:10.1029/2003JC001908, 2004.

Nishioka, J. et al.: Oceanic iron supply mechanisms which support the spring diatom bloom in the Oyashio region, western subarctic Pacific, *Journal of Geophysical Research*, 116, doi:10.1029/2010JC006321, 2011.

白岩孝行「環オホーツク的視点からみる知床世界自然遺産」地理、五一（四）、二七―三六、二〇〇六。

西岡純ほか「千島海峡の混合過程の生物地球化学的重要性――西部北太平洋亜寒帯域の鉄：栄養塩比に与える影響」月刊海洋、号外五〇、一〇七―一一四、二〇〇八。

第六章

Tsuda, A. et al.: A mesoscale iron enrichment in the western subarctic Pacific induces a large centric diatom bloom, *Science*, 300, 958-961, 2003.

Bishop, J.K. et al.: Robotic observation of dust storm enhancement of carbon biomass in the North Pacific, *Science*, 298, 817-821, 2002.

Uematsu, M. et al.: The transport of mineral aerosol from Asia over the North Pacific ocean, *Journal of Geophysical Research*, 88, 5343-5353, 1983.

Matoba, S. et al.: Spatial distribution of air-borne Fe deposition into the northern North Pacific, In Shiraiwa, T.（ed.）*Report on Amur-Okhotsk Project* No.6, RIHN, 75-82, 2010.

佐々木央岳「アラスカ・ランゲル山雪氷コア中の鉄濃度から推定した北部北太平洋域への鉄の沈着量」北海道大学大学院環境科学院修士論文、二〇〇八。

Nishioka, J. et al.: Oceanic iron supply mechanisms which support the spring diatom bloom in the Oyashio region, western subarctic Pacific, *Journal of Geophysical Research*, 116, doi:10.1029/2010JC006321, 2011.

第七章

矢田浩『鉄理論――地球と生命の奇跡』講談社現代新書、二〇〇五。

Nagao, S. et al.: Biogeochemical behavior of iron in the lower Amur River and Amur-Liman, In Shiraiwa, T.（ed.）*Report on Amur-Okhotsk Project* No.6, RIHN, 41-50, 2010.

Nagao, S. et al.: Geochemical behavior of dissolved iron in waters from the Amur River, Amur-Liman and Sakhalin Bay, In Shiraiwa, T.（ed.）*Report on Amur-Okhotsk Project* No.5, RIHN, 21-25, 2008.

Terashima, M. and Nagao, S.: Removal and fractionation characteristics of dissolved iron in estuarine mixing zone, In Shiraiwa, T.（ed.）*Report on Amur-Okhotsk Project* No.4, RIHN, 69-74, 2007.

第八章

松永勝彦『森が消えれば海も死ぬ』講談社、一九九三。

中塚武・西岡純・白岩孝行「内陸と外洋の生態系の河川・陸棚・中層を介した物質輸送による結びつき」月刊海洋、号外五〇、六八―七六、二〇〇八。

Yoh, M. et al.: Iron dynamics in terrestrial ecosystems in the Amur River basin, In Shiraiwa, T.（ed.）*Report on Amur-Okhotsk Project* No.6, RIHN, 51-62, 2010.

Xu, X. et al.: Iron dynamics in forest ecosystems: effect of topography and vegetation type, In Shiraiwa, T.（ed.）*Report on Amur-Okhotsk Project* No.6, RIHN, 203-211, 2010.

Yan et al.: Concentration and species of dissolved iron in waters in Sanjiang plain, China, In Shiraiwa, T.（ed.）*Report on Amur-Okhotsk Project* No.6, RIHN, 183-194, 2010.

第九章

柿澤宏昭・山根正伸・朴紅「アムール流域の森林利用と農業開発」地理、五四、一二、四七―五一、二〇〇九。

Ganzey, S. et al.: The landscape changes after 1930 using two kinds of land use maps（1930 and 2000）, In Shiraiwa, T.（ed.）*Report on Amur-Okhotsk Project* No.6, RIHN, 251-262, 2010.

Song, K.S. et al.: A study on the wetland dynamics and its relation with cropland reclamation in Sanjiang Plain, China, *Proceedings of Int. Congress on Modelling and Simulation 2007*, 2569-2575, 2007.

柿澤宏昭・山根正伸編著『ロシア――森林大国の内実』日本林業調査会、二〇〇三。

第一〇章

Okunishi, T. et al.: A lower trophic ecosystem model including iron effect in the Okhotsk Sea, *Continental Shelf Research*, 27, 16, 2080-2098, 2007.

大西健夫・楊宗興「土地利用の変化が溶存鉄フラックスに及ぼす影響」地理、五四、一二、五二―五八、二〇〇九。

Onishi, T. et al.: Evaluation of land cover change impact on dissolved iron flux of the Amur River, In Shiraiwa, T. (ed.) *Report on Amur-Okhotsk Project* No.6, RIHN, 213-223, 2010.

第一一章

えりも岬緑化事業五〇周年記念パンフレット『夢は砂漠化しない――えりも岬緑化事業五〇年の歴史』北海道森林管理局他、二〇〇八。

若菜博「近世日本における魚附林と物質循環」水資源・環境研究、一七、五三―六二、二〇〇四。

若菜博「日本における現代魚附林思想の展開」水資源・環境研究、一四、一―九、二〇〇一。

松永勝彦『森が消えれば海も死ぬ』講談社、一九九三。

谷口和也編『磯焼けの機構と藻場修復』恒星社厚生閣、一九九九。

柳沼武彦『森はすべて魚つき林』北斗出版、一九九九。

畠山重篤『森は海の恋人』北斗出版、一九九四。

田中　克『「森・里・海」の発想とは何か』山下洋監修『森里海連環学』、京都大学学術出版会、三〇七―

三三三、二〇〇七。
柳哲雄『里海論』恒星社厚生閣、二〇〇六。
UNEP: The Songhua River Spill China, December 2005 -Field Mission Report-, UNEP, 2006.
Nakanowatari, T. et al.: Warming and oxygen decrease of intermediate water in the northwestern North Pacific, originating from the Sea of Okhotsk, 1955-2004, *Geophysical Research Letters*, 34, doi:10.1029/2006GL028243, 2007.

第一二章

大島慶一郎・小野純・清水大輔「オホーツク海における漂流物の粒子追跡モデル実験」沿岸海洋研究、四五（二）、一一五―一二四、二〇〇八。

大泰司紀之・本間浩昭『カラー版　知床・北方四島――流氷が育む自然遺産』岩波新書、二〇〇八。

村上隆編著『サハリン大陸棚――石油・ガス開発と環境保全』北海道大学図書刊行会、二〇〇三。

第一三章

米本昌平『地球環境問題とは何か』岩波新書、一九九四。

明治大学大学院教養デザイン研究科編『「東アジア平和環境圏」の構築を目指して』明治大学、二〇一〇。

■著者紹介

白岩孝行（しらいわ たかゆき）

1964年，東京都生まれ。1987年，早稲田大学教育学部卒業。1989年，北海道大学大学院環境科学研究科修士課程卒業。1990年，北海道大学大学院環境科学研究科博士課程中退後，北海道大学低温科学研究所に助手として奉職。主として，高山，南極・北極の氷河・氷床研究に取り組む。1993年～1995年に第35次南極地域観測隊に気水圏隊員として参加。2000年～2001年にスイス連邦工科大学気候学研究室に客員研究員として滞在。2005年～2009年に総合地球環境学研究所に准教授として勤務し，アムール・オホーツクプロジェクトに取り組む。2009年4月より北海道大学低温科学研究所准教授。専門は自然地理学ならびに雪氷学。2000年にカムチャツカ半島の氷河研究により（社）日本雪氷学会「平田賞」受賞。

主な著書は『氷河』（分担執筆，1997年，古今書院），『地球環境学事典』（分担執筆，2010年，弘文堂）など。

地球研叢書

魚附林の地球環境学——親潮・オホーツク海を育むアムール川

2011年3月31日　初版第1刷発行

著 者　白岩孝行

発行者　齊藤万壽子

〒606-8224 京都市左京区北白川京大農学部前

発行所　株式会社　昭和堂

振込口座　01060-5-9347

TEL（075）706-8818 ／FAX（075）706-8878

ホームページ　http://www.kyoto-gakujutsu.co.jp/showado/

印刷　亜細亜印刷

ISBN 978-4-8122-1118-2

＊落丁本・乱丁本はお取り替え致します。

Printed in Japan